For Jean Bernard

献给让·贝尔纳，

是他带给我生命中最大的两份喜悦：

一是女儿玛戈的出生，

二是两年后儿子阿德里安的出生。

我们应该努力完成的使命，

并不是获得安全感，

而是能够容忍不安全感。

——埃里克·弗罗姆（Erich Fromm）

光尘

LUXOPUS

喜悦之路

LES
CHEMINS
DE LA JOIE

Isabelle Filliozat

[法]伊莎贝尔·菲约扎 著
曹淑娟 译　郑园园 审校

生活·讀書·新知 三联书店 生活書店出版有限公司

图书在版编目（CIP）数据

喜悦之路 / (法) 伊莎贝尔・菲约扎著 ; 曹淑娟译
. —2版. —北京 : 生活书店出版有限公司, 2022.5
ISBN 978-7-80768-372-8

Ⅰ. ①喜… Ⅱ. ①伊… ②曹… Ⅲ. ①人生哲学–通俗读物 Ⅳ. ①B821-49

中国版本图书馆CIP数据核字(2022)第064090号

策划编辑　李　娟
执行策划　邓佩佩
责任编辑　杨学会
特约编辑　邓佩佩
出版统筹　慕云五　马海宽
审　　校　郑园园
封面设计　潘振宇
封面插画　潘若霓
责任印制　孙　明
出版发行　**生活書店出版有限公司**
（北京市东城区美术馆东街22号）
图　　字　01-2022-1100
邮　　编　100010
印　　刷　北京中科印刷有限公司
版　　次　2022年5月北京第2版
2022年5月北京第1次印刷
开　　本　787毫米×1092毫米　1/32　印张10.375
字　　数　151千字
印　　数　00, 001–10, 000册
定　　价　58.00元
（印装查询：010–69590320；邮购查询：15718872634）

目录

前言

我是幸福的，非常幸福。正因感到如此幸福，我笑了。是什么让我满怀喜悦呢？乍一看，并没有什么特别的事。我站在巴黎里昂火车站发车点的公告栏前面，和其他人一样耐心地等待着。我想到目前自己正在写的这本关于喜悦的书，于是决定探究一下自己在火车站台上感受到的情绪。我从关注内心的感觉开始，吸气、呼气，感受细胞的运动和身体的振动。我感到自己活着，于是心中充满喜悦。关于喜悦，《拉鲁斯词典》(*Le dictionnaire Larousse*)给出的定义为：喜悦是指愉悦的感觉、满意的状态。L'internaute.com网站则认为：喜悦与欲望得到满足有关，是内心的一种情绪。那么喜悦是一种感觉、一种状态，还是一种情绪？如果说它是一种情绪的话，那么它真的与欲望的满足有关系吗？在第一章里，我们会发现，要了解自己的生活，显然不能总是依靠词典——将我们语言里的字词编成目录的院士似乎漏掉了与情绪相关的东西。而在这部作品中，我们会关注喜悦这种情绪。词典编纂者不喜欢情绪这个词，对于他们当中的大部分人来说，情绪仍然意味着“混乱的状态”，但它的确是我们机体的一种适应反应。喜悦是一种情绪。它让我们心跳加速、身心激动。它激活了我们的身体，让我们想要唱歌、跳舞、互相靠近。我们所有人都能体会到，喜悦是身体上的感觉！我试图给出自己的定义：“喜悦等于感受到生命意义的情绪。”“意义”这个词会令人同时想起意思、方向、感觉。当我们聚集在一起，当我们在人群里有自己的位置，当我们感觉到自己有用的时候，我们会充满喜悦。将大家团结在一起的关系让我们的生命变得有意义。我们会在第二章中展现这种归属感。存在，意味着自我实现。当我们大步向前，当我们成功实现了自己的目标，当我们的行动有了指引，当我们的生命有了方向时，我们会高兴地跳起来。我们会在第三章中谈论我们的身份和自我实现。

当我们借助于身上的感觉传感器觉察到自己的生命律动时，能体会到喜悦。此时此刻，我们只需要感觉到自己活着，就是幸福的。在第四章里，我们会共同体验活在当下。

在大脑里有了这个规划后，我开始进一步地观察发生在自己身上的事情。要找出我在站台上感受到的喜悦源于哪儿，我需要往前追溯。昨天，有九百多人来洛里昂听我的演讲，并跟我一起分享了一段激动时刻。我喜欢和这些观众进行交流，聆听他们的问题并给予回答。我喜欢在上台之前做准备，调整声音，伸展四肢，活动身体，静下心来思考并敞开心扉。我准备讲座的过程有点儿像田径运动员准备一场比赛，都是为了有最好的表现。当前的文化总是劝导我们去寻求舒适和不费力。的确，现在有了麦克风，所以我们不需要像过去那样进行严格的发音练习。但是与舒适地使用麦克风相比，这些练习更能带给我喜悦。喜悦更多地源于努力、工作，而不是成功。我存在，我实现自我。我在回顾自己从年轻时一直到现在所走过的道路时发现年轻时的我十分害羞，身体也不灵活，经常被大家忽略。放任自己不做任何努力是很舒服的事情，但是喜悦产生于自我展示(exposition de soi)、探索(exploration)、表达(expression)……这些词的前缀“ex-”代表着向外，它给我们指明了道路，我们也就此开始了身份和自我实现之探索。昨天晚上，我焦虑地看着大厅挤满了人，但很开心。我喜欢开始讲话之前怯场的感觉。数量众多的信念阻碍我们前行，促使我们隐藏自己，畏首畏尾，隐忍克制以避免失败。倾听自己的恐惧并不意味着放弃。我喜欢看见、遇见这些观众。我喜欢听到大家笑、看到他们哭，并用我的话语触动他们的心。我喜欢和他们一起颤动。在签名会期间，与读者的交流令我感动。我感觉自己正处在合适的位置上，做着合适的事情。所有的这些相遇都增强了我的归属感，而这是喜悦最重要的方面。

归属、存在、感觉到活着……它们是构成喜悦的三个部分。因此，今天早上我有足够的理由感受到喜悦。只是，本来今天飞行员的罢工是会破坏我的心情的。黎明时分我收到一条手机短信，通知我巴黎—马赛的航班取消了，这个消息使我的压力荷尔蒙喷涌而出，令我惊慌失措……

停！旅行计划受阻，难道我应该因此气恼吗？面对眼前的这些状况，泰然处之和旷达超脱是重获自由的关键。我坐下冥想以期重新找回平衡和平静。我不会让自己的内心状态受制于环境！在第四章里，我们会发现当自己面对各种事件时，应该如何保持或重获自由。今天早上，我对自己说这种突发情况可能具有某种意义。例如，它可能会让我有一个意想不到的邂逅。我决定接受将要发生的一切，迎接真实的当下。冥想让我保持开放、专注的心态而不是将自己封闭在沮丧和气愤中。我松了一口气。喜悦是一种内在的状态。它并不源于幸福或不幸的环境，而是源于我们处理这些状况的方式。

一旦恢复了内心的平静，我就开始上网寻找解决办法。第一架飞机会把我带到巴黎，但之后……我预订了一个高铁座位，但是从奥利机场到里昂火车站，乘坐公共交通工具也得花一个多小时的时间……时间太长。这时我发现搭乘摩托车的士只用半小时的时间就可以到达。怎么办呢？在选择面前，我们经常紧张不安，有时也会因为要实现“做好的决定”这个目标而一筹莫展。我们在脑中反复盘算着利弊，而此时我们有一个向导——喜悦。生命中最重要的并不是成功和失败，而是过程。只要是我们肯做出的决定就肯定是“好”的决定，因为那是我们能够去体验的唯一决定。喜悦作为感受到生命意义的情绪，是给我们指明道路的内部信号。听从它，我们就会找到自己的生命之路。不论在大方向上，还是在日常选择方面，我们都可以相信它。因此，我稍微操练了一下，让喜悦来做决定，在关于生命方向的那一章里对此有所描述。进行每个选择时，我在心里都默默地合计。飞机？我看到自己在奥利机场等待着不确定的飞机，周围是一群不满又焦虑的旅客，害怕不能顺利到达他们的目的地。火车？强烈的自由感涌现在我心头。因此我选择了火车和摩托的士。我不知道15点40分的航班是否会按时启程，也不知道是否能省下130欧元，但是我的选择让我节省了气力。我没有迫不得已地待在那儿等着法航的通知，抱怨连连，而是经历了一个新的体验——乘坐摩托车穿行在车水马龙中。探索的需求刻在人类的基因里。任何屈服都会启动肾上腺素和氢化可的松的分泌，使心率加快。然而自由会提高血液循环中的多巴胺水平。有时候我们会因肩上的背包有点沉，所以走得比较慢。一旦克服了各种困难，过去的每段经历都能成为财富。

我们将会探索我们的历史对现在产生的影响。

在火车站站台上，我思考了这一切。而且，我肚子也没叫。早上，我给身体补充了必要的能量以保持思维灵敏和精神振奋，包括欧米伽3脂肪酸、复合碳水化合物和蛋白质。我发现如果任凭自己落入酒店自助早餐的陷阱中——虽然里面餐品丰富、多样，但都是工业加工出来的产品——情况就不是现在这样了。自从我在营养领域有所发现之后，就很注意饮食。这些发现详细地记录在我的《美食厨房》[1] (*Bien dans sa cuisine*) 这本书里。因此，我带了一些能让我头脑保持最佳状态的食品。在第五章里，我们会遇到激素这个喜悦的信使并且看到什么食物能促进它的分泌。

我在火车上找到自己的座位，打开电脑，记录下此刻的喜悦。当我停止写作去餐车那儿转一圈时，发现不远处有一个人正在睡觉，我好像见过他……是的，是他！我想起今天早上假设的邂逅，简直不敢相信自己的眼睛。我当时手头正有一件棘手之事，而这个人正是解

1 Lattès出版社，2012年出版。2014年Marabout出版社以袖珍书的形式再版了这本书，书名改为《厨房里的一点儿意识》（*Un zeste de conscience dans la cuisine*）。

决问题的关键人物。我们能在同一辆车、同一节车厢相遇，而且只隔两个座位的距离，这是怎样的奇迹啊？我等待着他醒来，我们可以探讨并解决会成为问题的一些事情。喜悦是振动，它促使大家共同奏响伟大的生命交响乐。我们生活在一个振动又紧密联系的世界中。

大家普遍认为，喜悦是孩子的天性，但一个成年人很喜悦却令人生疑。让我们帮助孩子不要弄丢了这种神奇的赞叹能力和这种探索和学习的激情吧！不要让孩子弄丢了这种无须压抑自己、渴望得到爱抚的冲动，让他们唱歌、奔跑、玩耍、跳舞、活动。不要限制孩子，也不要抑制他们去获得生命的喜悦，要帮助他们超越自己的极限，引导他们冲向目标，帮助他们发展同理心、去冒险并实现自我。在第六章里，我们会明确地指出能够让孩子自我发展和快乐学习的基础和方法。在结束这趟喜悦之旅之前，我想说：喜悦，真好！

喜悦是什么?

我们每个人感受到的喜悦有多有少，但大家却都知道喜悦。然而我们知道如何让喜悦出现吗？当它消失的时候，我们知道如何将它找寻回来吗？当我们看到心爱之人的微笑，听一段音乐，赢得一场比赛或仅仅是仰望天空时，都能发现喜悦。要获得喜悦需要依靠外部的力量或者内在的觉醒吗？有时候喜悦会不经意地出现，那么我们该如何保持它呢？我们又应该试着保持它吗？我们从喜悦的河流里汲取的每一杯水都是一样的吗？喜悦有时是激流，有时是细流，有时如瀑布，有时如间歇喷泉，有时又好似平静的湖。它形式多样，然而本质却不变。它让人感觉欢乐、轻快、圆满、激动、膨胀！它给人以冲动想要跳起来、舞起来、大声欢笑、相互拥抱。

当我们遇到所爱之人，当我们与孩子一起哈哈大笑，当我们跳舞、听音乐、玩音乐、唱歌、踢足球、画画，当我们收到了挚爱之人的来信，当我们超越了自己，当我们签下了意想不到的合同，当我们赢了，甚至可能仅仅是当我们仰望星空或是看着平静的大海时，喜悦都会出其不意地抱住我们。无论独自一人还是身处集体之中，动还是不动，我们都能感受到强烈的喜悦。能让我们喜悦的事情看起来有那么多，而我们要如何从中找出喜悦的来源呢？它们的共同之处，就在流淌于我们血管中的生命感。有一天一位得了艾滋病的女士玛丽安向我吐露道："我从来没有这么难受过，也从来没有这么痛苦过。然而，我也从来没有体会过如此多的喜悦，因为我感觉到自己活着。以前，我没有真正地活过，只是陶醉在感官感受中。"没有人能想象到如此鲜活、积极主动、看起来活力满满的一位女性，竟然感觉到自己并没有真正活过。她卖力工作，取得一个又一个成功，经常外出，给外界留下会玩、朋友众多、资源丰富、逍遥快乐的形象……然而所有这一切都毫无意义。在内心深处，她感觉自己已经死了。她恣意享受，但心中没有喜悦。她需要靠近死亡才能让自己有能力摘掉“完美女孩”这个面具，最终成为真实的自己。在治疗中，玛丽安发现她曾认为自己是超级女孩，实际上只不过是自己制造出来的幻觉。她本来自认为叛逆又自由，却发现自己内心空虚而且被形象所困。她本应该向周围的所有人证实自己是幸福的，而且因为她“拥有获得幸福的一切条件”，所以她不能说自己不幸福。生病之前，她并没有反思过这些，她只是尽可能快乐地生活。她并不知道自己所感受到的并不是真正的喜悦。对于从来没有品尝过的东西，我们很难将其辨认出来。她将自己塑造成别人期待的模样，以至于并没有意识到那已经不是自己了。周围人的赞赏使她更坚信了这个虚假的身份。她本应该观察到哪些征兆呢？她的内心已经空虚很久了。她经常笑，但是从来不哭。从表面来看，她的喜悦过于程式化了，她就像一个悲伤的小丑，将深深的寂寥隐藏在心底。玛丽安让我们明白了第一个关键点：喜悦并不存在于不断的成功和欢愉中。缺乏真实、由衷的喜悦恰恰为我们揭示了某种缺失，告诉我们自己并不完整，已经偏离了生命的道路。喜悦，并不复杂，只需要我们扔掉面具和外壳，真正做回自己！但这也是困难所在，因为我们之中的大部分人在孩提时代就将这种自发性远远地抛在身后了。因此，我们需要一点点地重建做自己的这种感觉，去拆除、挖掘……这就是为什么重病患者、在事业或情感方面遭到重创的人，一旦走出这些打击，都会说体验到了前所未有的喜悦。不幸促使我们打碎一贯的信仰，卸下身上的护甲。它促使我们将情绪表达出来。哭、喊、撕裂面纱。我们现身了！尽管“失血过多”，但我们的内心却活过来了！

喜悦出现在与自己的相遇中。然而从我们很小的时候起，就会有人告诉我们应该控制自己的情绪，即使妈妈走了也不要哭，即使有人拿了我们的玩具也不能生气，即使狗叫得很凶也不能害怕……总之，我们不能表达也不能有真实的感受。然而当我们还是感觉悲伤、气愤或恐惧时，我们本能地就会认为自己这样不好，想要把情绪隐藏起来。我们将面具戴在脸上，父母又帮我们系上并固定住，而我们也认为这样做是必要的——因为要合群，要避免被排挤。我们屏住呼吸、身体僵硬。我们变成了“应该的样子”，就这样远离了真正的自我，也远离了喜悦。

我们必须等到病入膏肓或遭遇颠覆性的打击之后才能享受做自己的喜悦吗？生命只有一次，它是我们自己的。与死神擦肩而过的人懂得从表象中提取出本质，而且经常会重新梳理它们的优先次序。那么，他们会将什么置于首位呢？爱和自由。

体内动态平衡

在我的第一本书《身体信使》[1] (*Le Corps messager*) 里，我就介绍了体内动态平衡这个概念，用来说明联结/爱、探索/自由这两组互为补充、不可分割的方面。我将希腊语单词homiois（相似）、dunamis（力量）、dunamai（能力）组合起来创造了homéodynamique（体内动态平衡）这个词。人类一方面保留着自己的身份，使其保持不变（homéo：相似），另一方面不断进化，总是试图走得更远（dynamique：动态）。当时了解人类动机最常见的模式就是内环境稳态和减压。内环境稳态这个概念是

1 Filliozat, Isabelle, Roubeix, Hélène, *Le Corps messager, Une analyse du processus de la maladie dans une perspective transactionnaliste*, La Méridienne 出版社, 1988。2016年9月由DDB出版社再版。

克劳德·贝尔纳(Claude Bernard)提出的，指生物体尽管受外部环境的约束，也会保持自身的平衡。弗洛伊德心理动力学的动机原则[1]就建立在内环境稳态的基础上。在弗洛伊德看来，最理想的心理状态就是没有任何刺激的状态。我们行为的目的是缓解心理压力，消除它以重新回到平衡状态。如果说内环境稳态原则看上去似乎准确地描述了我们的某些生理机能，但它在阐释心理问题方面所起的作用并不明显。即使那时候我对弗洛伊德和他创立理论的方式并没有像今天这样了解那么多，但这位精神分析学创始人的论断在我看来并没有反映事实。依我看，一般来说，人类以及其他生命并不满足于试图恢复平衡或维持现状，而是寻求压力、兴奋、刺激。实际上，不平衡本身才是进步、成长、进化的源泉，因此也是喜悦的来源。在我看来，这种情绪值得关注。压力减少能带来愉悦，但它并不是喜悦的根源。相反，喜悦似乎与训练、探索、朝着目标奋勇前进以及超越自我紧密相连。

生命是一场运动。从对周围环境进行探索的婴儿长

1 Nuttin, Joseph, « Problèmes de psychologie de la motivation humaine», *Revue philosophique de Louvain*, 1961, Vol. 59, n° 62, pp. 348-370.

成坚持不懈试图超越自己的运动员，中间还经历了尝试各种禁忌的青少年时期，人类一直致力于飞得更高，走得更远，追寻新的经历。这是动态层面，是对进步、成长、创造的向往，它给我们的生命指明了方向。人类的智慧激励着每个人，不仅促使我们更好地去适应，还令我们成长、努力创造新的纪录、探索未知的地方。探索是生命的推动力。

在兰托尼奥·达马西奥[1] (Antonio Damasio) 的一本书里，我很惊讶地读到大卫·劳埃德 (David Lloyd)、米格尔·欧恩 (Miguel A. Aon) 和索尼亚·科尔塔萨[2] (Sonia Cortassa) 于2001年时就进一步发展了体内动态平衡这个概念。当然，我并不认为他们读过我1988年出版的书（那时书还没翻译成英语）——我在书里科学地阐述过自己的直觉，而他们的论断让我有种似曾相识的感觉。他们断言："内环境稳态被看作一个通用原则，然而越来越明显的事实就是：保

1 Damasio, Antonio R., *Spinoza avait raison. Joie et tristesse, le cerveau desémotions*, Odile Jacob 出版社。

2 Lloyd, Aon, Cortassa, *« Why Homeodynamics, not Homeostasis ? » Scientific World Journal*, 2001 Apr. 4 ; 1 : 133-45.

持现状并不能解释生物的复杂性，也不能解释生物在漫长的进化过程中的演变，而正是这个过程让生物朝着复杂却有规律的方向发展。”在文章《为什么是体内动态平衡，不是内环境稳态？》(*Why Homeodynamics,not Homeostasis?*)中，他们强调了生物系统中的内环境稳态只是特殊情况而不是惯例。

我的假设是喜悦这种情绪服务于生命的意义和我们的认同感。它能让我们回答一些棘手的问题，比如“我是谁？”“我到哪儿去？”“我从哪里来？”还有“我在哪儿？我的位置又在哪儿？”当我们感觉到喜悦时，我们不再疑惑。“我存在！”我们的生命从此有了意义。

如果说“意义”这个词在它的三个定义——意思、方向、感觉里汇集了喜悦来源的三个方面，那么，这是偶然的吗？

“自从我的孩子走后，我的生命就失去了意义。”达芙内这样哭诉时，想表达的是她的生命没有了内涵。横向轴，是相似的，包含联结[1]、社会关系、我们在群体里的

1 联结在此处为心理学的一个重要概念。遗传性和联结性是人类意识的本质特性。——译者注

位置、价值感和归属感，它赋予我们的存在以意义。纵向轴，是动态的，是向往自我实现之轴，它来自过去（我来的地方、我的根源），指向未来（我要去的地方、我的价值、我的目的），服务于成长和创造。动就是活着，活着就要动。奔跑、跳跃、跳舞……都是活动身体的表达。在这个轴上，我们能表现出自己创新、创造、探索的那一面。这也是我们的个人能力之轴："我能。"它赋予我们的生命以方向。

在两轴的相交处，只有感觉。我们就在这儿，在平衡面和动态面的交会处。在过去和未来之间，我们处于现在。此时此地，感觉到活着这个简单的事实就能让喜悦喷涌而出。看看漫天繁星或落日余晖，闻闻玫瑰或松枝的香气，这些感觉让我们与广袤的世界建立了联系，和宇宙连通起来。我们在自己身上感觉到了生命的振动。这股生命之波来自于过去，携带着我们的个人历史、家庭历史、部落历史，还有人类历史和宇宙历史，作用于我们的现在。它穿过我们，朝着未来前进，它画出了未来，那是我们个人和集体的未来。

喜悦是一种情绪

喜悦有配方吗？需要一定的条件吗？它源于基因、激素、电、适应、情绪、情感、智力、营养、美学、精神、感官……？什么都有一点儿！

喜悦是一种情绪，也就是人体面对必须适应的情况所做出的一种特定反应。如果说恐惧可以帮助我们提防危险或者说愤怒能捍卫我们的权利并维护公正容易让人理解，那么识别出喜悦的用处则要复杂得多。喜悦只是让人觉得很舒服，而我们经常认为它不需要有什么用处。有些人会说大自然根本不在乎我们是否活得开心、快乐……不要这么肯定。大自然不会随意浪费东西，它赋予我们喜悦也并非偶然。人类在进化过程中之所以寻求喜悦，是因为喜悦有用！在2010年发布的一项研究中，赫特－扬 · 佩平[1](Gert-Jan Pepping)博士和他的同事研究了在世界杯和欧洲杯比赛中足球运动员表达喜悦对整个球队成员表现的影响。结论是：当前锋挥动双臂来庆祝进球的时候，相较于他得分后没做任何动作来说，他的队友们接下来会更有机会再进一球！只要庆祝，越赢越多！喜悦强化了自我超越的渴望。喜悦，具有感染性，它能强化动力，锐化感知，调动肌肉，并提高竞技水平。喜悦是一种学习情绪，它推动着我们去探索、试验，当我们成功了，它还会给我们奖励。喜悦也与群体、心意相通、相遇和仪式有关。喜悦是一种情绪，它告诉我们正走在正确的道路上，处在自己应有的位置上。

1　赫特－扬 · 佩平是荷兰格罗宁根大学人类活动中心的研究员。

表达

与任何情绪一样，喜悦是一种情感、激素和电现象，它分为三个阶段：充电、负荷电压、表达或放电。在充电时刻，身体器官做准备工作、调动能量以便做出反应。电压紧跟其后，一切准备就绪，但是行动还没开始。心扑通扑通跳得厉害，快得接近爆炸的边缘。放电，是指表达，开始行动，大笑、喊叫、蹦跳……我们会习惯于看到运动员在体育场上迸发出喜悦，始于1998年7月12日，当电视台第一次播放出阵阵欢呼声的时候，几乎所有的法国人都坐在电视机前(是的，包括我)。在几百万电视观众面前，法国队以3比0的成绩击败了巴西队。蓝衣军团荣膺世界冠军，大力神杯花落法国。队员们在草地上欢呼雀跃、互相拥抱、拍打。比赛结束后，人群涌向大街。所有人都在喊叫、唱歌、爬到雕像上、围着路灯转圈、跳起来、扭起来、拥抱、亲吻！这种喜悦通过电视机传递到了全世界。我记得在接下来的几天里却听到了令人震惊的言论："啊，这些男人抱在一起，好恶心。还跳起来，手舞足蹈，真滑稽。我不明白电视台怎么会选择播放这些镜头！"然而，在整个国家庆祝完这个胜利之后，法国人的精神状态接连好几个月都很高涨。分享、联合、振奋……共同经历的喜悦拉近了大家的距离，让大家紧密连接在一起。所有的情绪都具有感染性。看着那些人跳起来、互相拥抱，我们也很激动。我们的镜像神经元也在拥抱。一些人的喜悦会促使其他人随之感到喜悦。我们的肌肉渴望动起来，想要微笑、大笑，我们的眼睛闪闪发光。我们很幸福。此时我们可以什么都不干，甚至不看比赛，只要看到一个满怀喜悦的人，我们身上产生喜悦的神经元循环就会被激活。

那一年，法国足球运动员不仅赢得了世界杯，而且开创了一个新的时代。我们终于有权利在电视上也就是在公开的社会领域大声地去表达并展示自己的喜悦了。

从此以后，在数不胜数的节目中，我们都能看到各种各样的艺术表演者，舞者、杂技演员、魔术师、歌手，在舞台上兴高采烈和互相拥抱的情景。喜悦时刻与表演时刻同样重要。表演者开始敢于彻底地冒险和展示了。他们赢得了进入下一轮的权利，此时他们可以尽情地抒发感情了，一些人哭了，一些人则舞起来、跳起来。

因为喜悦而舞起来、跳起来

当我们感觉到心脏在胸腔里怦怦跳的时候，我们渴望动起来，奔跑、跳跃、跳舞。看到一位踢踏舞者微笑的时候，我们很难不跟着微笑！舞蹈是人类最自然最自发的表达喜悦的方式，它融合了动作、节奏、音乐以及与舞伴的身体接触和配合。这当中的任何要素本身都能带来喜悦。舞蹈令人欣喜若狂！

甚至对于一些盲人来说，他们在开心的时候也会跳起来，仰着头，朝向天空张开双臂。[1]一些研究[2]表明，保

1 Power Posing–Brief Nonverbal Displays Affect Neuroendocrine Levels and Risk Tolerance–Dana R. Carney, Amy J. C. Cuddy et Andy J. Yap.

2 Amy Cuddy 所做的实验和访谈。

持抬头挺胸、手臂大张的姿势两分钟，就足以增加20%的睾酮分泌，减少10%的氢化可的松，即压力荷尔蒙的分泌。这个动作释放了信心，让人感觉充满力量！相反，如果你垂下胳膊、低下头，氢化可的松就会升高15%，而睾酮分泌会降低15%。身体—精神的影响是相互的。我们的思想、信仰和情绪会影响我们的身体，反之亦然。运动能改变我们的思想并改善我们的情绪。垂下肩膀、触摸颈背这些具有自我保护意识的动作会带来迟疑和无力感。然而，高举双臂、打开双腿，甚至把脚放到矮桌子上，或者坚定自信地走路，都会令人感觉轻松自在、力量满满。我们缺乏信心？那为什么不照着前面说的那样去做呢？直到我们将信心“软件”装在大脑的“硬盘区”。我们的举止变了，结果自然也会不一样：面目一新的自我形象诞生了，我们也拥有了全新的思想和情绪。

2015年迈克拉克(Michalak)和他的团队进行了一项惊人的研究，[1]他们要求参与者看完一张单词表后走上领奖

1 Michalak J., Rohde K., Troje N. F. , *How We Walk Affects What We Remember : Gait Modifications Through Biofeedback Change Negative Affective Memory Bias*, J Behav Ther Exp Psychiatry, 2015 Mar; http: //www.ncbi.nlm.nih.gov/pubmed/25310681.

台，参与者的步子被监测器测量出来并转换成了图形。在屏幕上，参与者能看到一条针对他们动作的反应线。他们的任务是尽力通过改变走路方式来引导这条线向同一个方向或往相反的方向发展。他们并不知道，轻快的脚步能将这条线引向同一个方向，而沉重的脚步会将这条线引向相反的方向。参与者不由自主地采取跳跃的方式或拖着沉重的步子。之后，工作人员要求他们回忆起尽可能多的单词。[1]结果呢？那些欢快地往前走的参与者能记起更多的积极词，而其余的人记住的更多的是消极词。我们倾向于在与自己内在状态相对应的环境中进行挑选。当我们开心时，我们会更多地关注那些令人愉快、惬意又积极的方面！

因此，等待着外部发生某个事件来让自己获得喜悦和好心情是无用的，只需要像一个快乐的人那样行事就可以了！注意姿势和步伐，放松双肩，挺胸抬头、微笑，迈开双腿，扭起屁股，手臂有节奏地摆动，让身体在空中摇摆。此时我们会不禁感叹："世界是我的！"

1　其他研究也证实这种回忆积极词或消极词的方法能真实充分地反映一个人的喜悦程度。

喜悦的泪水

“我不明白自己为什么哭了，我并不悲伤啊！”法蒂亚一边抽泣一边紧紧抱着女儿。女儿刚刚表演完毕，并获得了一大笔可观的奖金。

“可能是因为你女儿长大了要离开你了……”朋友阿菲达低声对法蒂亚说道。

法蒂亚几乎准备好接受阿菲达的解释了，因为对她来说，眼泪明显地意味着悲伤。她力图给自己的眼泪赋予某种意义。当我们悲伤的时候，会哭泣，所以当我们哭泣的时候，说明我们正在悲伤。但事实并不总是这样。我们可以因为愤怒、爱、痛苦、恐惧而哭泣，也会因为喜悦而哭泣。显然，法蒂亚是因为心中充满对女儿的爱并为女儿骄傲才掉泪的。

当眼睛受到某种刺激而产生眼泪时，这是副交感神经系统在起作用，它激活脑神经，引起泪腺收缩。相反，如果属于情感性眼泪，交感神经系统也会牵涉其中。而不管是哪种情况，植物性神经系统全部参与，只是我们还不能确切地知道它们的功能。我们的泪腺产生三种眼泪：第一种是基本眼泪，它通过持久地保持角膜的湿润状态来保护眼睛；第二种是反射性眼泪，由洋葱或者灰尘引起，它能清洗眼睛；第三种是情感性眼泪。基本眼泪和反射性眼泪里都含有某些离子，而在情感性眼泪里我们会发现酶、蛋白质和压力荷尔蒙。眼泪会排出大部分的氢化可的松，不然它会留在机体里；同时也会排出催乳激素（关系到乳汁分泌、利比多、快感、性高潮激素）、内啡呔和脑啡呔（可以缓解疼痛）。情感性眼泪中另外还含有丰富的锰和其他微量元素，用于情绪调节。

无论科学有没有证实，我们都知道流泪是件好事，因为我们都经历过。阿尔弗雷德·德·缪塞(Alfred de Musset)说过："眼泪，无论是温情的还是苦涩的，总能令人得到宽慰。"[1]在《头脑特工队》(*Vice Versa*)这部皮克斯出品的最佳动画片中，悲伤(Tristesse)坐在情绪低落的Bingbong旁边，对他表现出共情："好悲伤啊！"她帮助他哭出来，让他借此释放一下压力。Bingbong哭过之后感觉好极了！眼泪并不一定代表痛苦，它标志着个体与自己内在间的紧密联系，出现在与自己的内在接触当中。

1 《反复无常的人》，1837。

Bingbong通过哭泣，与自己握手言和，与自己的过往和解。他已经准备好面对现在并帮助喜悦(Joie)重回正轨。

我们可能会在一件艺术品前哭泣，而并不知道原因。其实，可能只是因为对面的这幅作品令我们感动，就这么简单。一段优美的乐曲或一个美妙的歌声会让我们流泪，这样的眼泪无关不幸或失望。它证明了声音不仅会吸引我们的耳朵，也会撩动我们的心。让我们流泪的电影并不都是忧伤类型的。有时候，当父亲找回儿子，故事有了圆满结局，我们也会流下眼泪，这是欣慰的泪水。

唉，眼泪给大家留下了不好的印象，所以很多人害怕它，他们要么不知道面对眼泪时应该怎么办，要么担心自己会泪流不止。这就是为什么雅尼娜的儿子于连收起了相簿并且不让她再听老唱片，因为这位老妇人总是边听边流泪。于连说："你会伤害到自己。"儿子很年轻，他不知道衰老为何物，而且衰老令他恐惧——我们所有人都害怕衰老。因此，我们试图做点儿什么，好像如此便能抹去一些事情："来吧，打起精神，会过去的。"但是我们总会长到一定的年纪，那时我们就再也打不起精神，也不再有力气了。我们知道自己不再拥有未来，只剩下现在……和过去。为什么不让雅尼娜重拾幸福时光呢？怀旧并不代表忧伤。它滋养我们、充实我们，让我们充满喜悦。翻看一下记录我们幸福时光的老相簿，听一听我们年轻时候的旋律，这是好事一桩，会让我们重拾微笑。让我们听听86岁的蒂博尔说了什么："我不想再遇见新人，分拣照片的时候我感觉很幸福。我把这些照片扫描到电脑上，不时地翻看，重温所有的重要时刻，还有孩子们的微笑。原来我生命中有过那么多美好的图像！曾经历过的一切都让我感觉自己很富有很充实。我承认当时自己有时候没有时间来感受这些。现在，看着这些照片，回忆起这些时光，我心中充满喜悦，情绪比当时更激动。这些家庭照、孩子们和我所爱之人的照片，都是我喜悦的源泉。"

蒂博尔喜欢一边浏览相簿一边流泪，因为当他哭泣的时候能感觉到自己还活着。当然了，他并不是只在那儿哭，他也微笑，有时一边回忆一边笑。

笑出眼泪

眼泪并不只是代表悲伤，这已经得到了验证，甚至有时候我们流泪是因为笑出了眼泪！人类学家说人类的祖先会说话之前一直在笑。笑是一种波，它传到我们身体的每一块肌肉里。吸气的时候，横膈膜使胸腔扩张以便于最大程度地换气。随后横膈膜通过轻微的震动松弛下来，让空气一点点地排出体外。笑是一种真正的腹部按摩。轻柔的“嘿嘿嘿”、真诚的“哈哈哈”或更憨厚的“吼吼吼”都是声带发出的。笑的时候，肩膀参与进来，双手张开，泪珠滚落，双腿放松。括约肌松弛下来，有时会弄湿短裤。[1]人们都说大笑3分钟燃烧的卡路里和做10分钟的有氧操消耗得一样多！诺尔芒·库森[2](Norman Cousins)觉得多亏了喜剧电影才治愈了自己的强直性脊椎炎。马里兰大学巴尔的摩医学院的研究者比较了搞笑电影和节奏紧张的电影对机体的影响。结果就是，看一场警匪片或恐怖片会使血液循环减慢35%，而看一场好的喜剧片能加速22%。罗宾·威廉姆斯(Robin Williams)曾出演过《亚当医生》(*Docteur Patch*)，这部电影讲述了亨特·亚

1 笑在医学方面的应用请参考http://tpedurire.weebly.com/ii-les-mecanismes-du-rire.html.

2 Norman Cousins, *La Volonté de guérir et Comment je me suis soigné parle rire.*

当(Hunter Adams)即帕奇·亚当(Patch Adams)医生的工作。亚当是医生也是马戏团演员、职业小丑、艺术家和作家。他创办了一个诊所，在这里，爱、同情和笑是与医学治疗同样重要，甚至是更重要的治疗方式。时至今日，在医院的儿科诊室遇到小丑并不是稀奇的事情。小丑引入幽默和游戏，缓和大家的情绪，给孩子们带来光明、轻松的氛围和笑声。他们不仅帮助病人适应住院，而且逗大家开心，促使他们早日恢复健康。

笑同样有助于我们的心理健康。笑和喜悦能提高工作效率。心理学家[1]拍摄了几十个公司开会的场景，涉及350名员工。他们列举了能令人发笑的玩笑和词语，展示了从统计学角度看来，大家笑过之后随之而来的行为是解决问题、对程序提出建议、朝目标前进、互相鼓励。笑促进了成绩的提高，充当了社会黏合剂。

笑会传染！在YouTube上流传的克里斯蒂娜·拉贝特[2](Christine Rabette)拍摄的小电影《谢谢！》(*Merci!*)就是

---

1 Cerveau&Psycho, n° 70, juillet- août 2001.

2 https ://youtube.com/watch?v=YdQnuqFlD7U.

一个很好的例子。在地铁里，有个人开始笑起来……不久整个车厢都充满了欢声笑语。电视台会经常性地播放一些笑话集锦和主持人的疯狂大笑，我们对此都很喜欢，因为这能唤醒我们自己的喜悦。喜悦让人笑，笑又让我们觉得喜悦。那么要变得开心，只要笑就够了，难道不是吗？还需要特殊的环境吗？马丹 · 卡塔利亚[1] (Madan Kataria)的回答是不需要。1995年他在孟买创立了第一个"欢笑俱乐部"，在这里，大家会练习欢笑瑜伽。从那之后，"欢笑俱乐部"和其他欢笑学校[2]在世界范围内迅速发展起来，教授各种类型的练习，帮助人们学习不需要任何理由地大笑。

---

1 Madan Kataria, *Rire sans raison*.

2 Corinne Cosseron, *Remettre du rire dans sa vie*，Robert Laffont, 2014.
Corinne Cosseron, Linda Leclerc, *Le Yoga du rire*：*Hasya yoga et clubs de rire du Dr Madan Kataria*, Guy Trédaniel, 2014.

从愉悦到喜悦

肉体快感、口舌之欲、看电影的乐趣、讨人开心的愉悦……愉悦关乎感觉,是一时的，并不会改变我们。喜悦则让我们感到充实，经历变化和成长，令人产生自我满足感。我们躲避在常规惯例这个安全岛里并不能获得喜悦。要遇见喜悦，我们必须脱离自我，走出舒适区，敢于去做，行动起来，勇于自我表达。有时候看一场演出或听一场音乐就能让我们激动不已，因为有才华的艺术家们能让我们摆脱个人忧虑，并且引领我们到达美丽世界。喜悦超越了愉悦。喜悦能够超越一种或几种感觉，因为它是一种情绪。然而，当我们把所有的注意力都放在我们感受到的愉悦上时，喜悦这种情绪也会突然出现。在继续阅读本书之前，我想邀请你体验一下这种情绪。如果感官上的体验能带给你更多的愉悦和喜悦，你就可以想象一下思想所能带来的喜悦有多巨大，因为思想的力量更加强大。

实验

材　　料　可可含量为70%~80%的两块纯正的方形巧克力（如果不喜欢巧克力，可以选择其他东西）。为什么要天然纯正的呢？我很快会揭晓答案。

体验愉悦　我让巧克力在嘴里融化，慢慢感受它的质地、味道……这是愉快的事情。

体验喜悦　首先，如果我从没见过可可豆，我会在电脑里输入“可可豆种植”，选择“图片”。我会发现可可荚果、可可豆、可可豆种植者。为了精确地查找，我输入了“可可豆”。

我已经了解了大自然所创造的这个产品，现在转向人类的准备工作。我输入“可可豆烘焙”，还是选择“图片”，然后输入“巧克力精炼”(conchage)，这道制作工序在工业化的巧克力生产过程中已经不存在了，但是正是它让原汁原味的巧克力变得更加丝滑细腻。

我准备好了。我将第二块巧克力放入嘴中，让它融化在舌尖，感受它的味道和质地，我想象着可可树、种植园，感觉着阳光雨露和种植者们对可可豆的精心照顾。可可一旦被采摘下来，就立即拿来发酵，然后晾晒在阳光下。运到欧洲后，要经过烘烤（除非我选择生吃）、打成碎粒，并加以研磨。可可脂在高温下会融化成浆。可可浆经过揉搓、精炼、排列、入模、包装，才能形成一方巧克力，最终到达商店被我买到。我感觉自己和参与巧克力制作的那些人产生了联系，与阳光、大地、风雨、世界都连通了。我和照耀着可可荚果的阳光同呼吸。在心里，我感激那些可可豆种植者，感激那些为巧克力的制成做出贡献的人，感激大地、阳光和雨水，还感激陪伴着可可豆发酵的细菌们。我意识到自己的每一个细胞都在吸收巧克力的某些分子，接受它所传递的信息。我吸了一口气，感觉到巧克力在我嘴里融化。我品味着。我想感激我的细胞，尤其是味觉细胞，我

> 要感谢阳光和大地。我意识到自己参与到世界中了。一块巧克力开启了我的意识，我感谢它。
>
> 现在，你就能明白为什么最好选择手工制作的天然纯正的巧克力了吧？如果你追踪的是工业化生产巧克力的那条路线，那么你的这条精神之旅就会完全不一样。

跑起来、舞起来、动起来所带来的喜悦；思考、阅读、创造的喜悦；绘画、唱歌、写诗、雕刻、做模型的喜悦……使用身体、利用能力、超越极限的喜悦。只要我们付出身心和灵魂，能带给我们愉悦的活动同样能带给我们喜悦。那么，日常生活中大大小小的挫折就不那么重要了。曼陀罗成人填色书获得意想不到的巨大成功恰好证明了大家的这种需求：人们希望自己能够集中注意力来思考，并且从紧张忙碌的生活所包含的大量纷繁复杂的信息中摆脱出来。

亮闪闪东西的价值

在一个广告里，有人喊道："这是我生命当中最美好的一天！"他的孩子出生了？他结婚了？都不是，而是因为这一天汽车经销商搞促销了！尽管各种各样的家具店、手机连锁店或其他大型超市试图给我们做一些推荐，但是购买他们的产品给我们带来的是某种愉悦，而不是喜悦。大量的广告信息轰炸我们，强调富有和物质充足会让我们充满喜悦。在《扩展》(*L'Expansion*)杂志的封面上，赫然列着一个大标题："企业——财富制造者"。这并没有冒犯任何人，然而，这确实是令人极度震惊的事情。记者谈论的是什么财富？只有金钱！海底世界的财宝并不是指这里有沉入海底的宝藏，而是各种生命在此正紧张有序地生活着。

或许，我们应该致力于让自己的存在变得充满意义而不是金钱。当……我会幸福。啊，如果我有这个或那个，我就会幸福……我们有时会将喜悦归结于达到某些条件，例如彩票中奖、买得起那天从橱窗里看到的那套女士套装、获得明星的亲笔签名、生命中的那个人向自己求婚……

有一项研究表明，仅仅是展出一些高档品的图片就会加重人的抑郁和焦虑！[1]这可能是能用来解释在城里居住的人比在乡下居住的人幸福感要差的其中一个原因。从奢侈品店的橱窗前经过都可能会让我们不舒服。红色保时捷或金色劳力士、爱马仕围巾、香奈儿包包或梵克雅宝的钻石，还有其他炫目的装饰品，这些亮闪闪的东西可以显示社会地位，让别人注意到拥有它们的人。当然了，我们有时候也会给自己买一件高价的奢侈品，因为我们喜欢它的设计或品质，但是通常的情况是我们买它只是为了显示："瞧瞧我是谁，我可不是普通人，看看我有能力给自己买什么！我可是有钱人！"

1 Bauer et al., 2012.

不带道德判断的研究表明收入的增加不仅不能带来更多的喜悦，而且会让那些围绕着财富追逐生活的人趋向于不那么幸福。况且，为财富而奋斗会伤害社会关系，导致破坏生态不顾环保的行为，因此从长远来看，这些都会阻碍人们快乐地生活。人们做过一些关于幸福的调查，结果明确地显示在一个战火纷飞的国家，只要人们缺衣少食或无处安身，那么大家就不会真正地满意自己的生活。一旦这些最基本的需求得到了满足，无论是国家经济的增长还是个人收入的增加都不会对喜悦产生很大的影响。越不关注物质的人好像越独立、能力越强、与他人的联系越紧密。研究表明，朝着物质目标前进与舒适感减少、失落感加重和对生活的不满意密切相关。总之，越是看重拥有，我们就越不满意。还有一种说法表达了同样的意思，就是一个人向外炫耀什么就说明内心缺少什么。确实如此，正反都能说得通。

“我羡慕那些拥有漂亮房子、高档汽车和昂贵衣服的人。”

“买东西让我感觉愉快。”

“如果我有能力买更多东西的话，我会更幸福。”

这些就是给实验对象准备的一些话语。他们需要按照“我极度不同意”到“我完全同意”这样的顺序将这些句子标记下来。根据心理学家蒂姆·卡塞尔[1] (Tim Kasser)所进行的研究，那些宣称金钱、形象、名望对自己比较重要的人获得的是对生活的不满意，往往拥有更少的愉快经历，并会体会更多的失落感和焦虑。相似的结果在世界上各个年龄段和各种人身上都得到了验证。

还有一种研究，目的是让原先高度物质化的青少年减少对物质的兴趣。心理学家成功了，结果就是在接下来的时间里，与测验小组相对比，这些青少年的自尊得到了巨大的提升。这项研究很重要，因为它意味着通过帮助青少年转向不那么物质化的目标，可以

---

1 Changes in Materialism, Changes in Psychological Well-Being: Evidence from Three Longitudinal Studies and an Intervention Experiment, Tim Kasser.

提升他们的自尊心。[1]

让我们幸福的是经历而不是物品。物品只有在我们开始使用它、利用它时才会为我们带来喜悦。内在的财富才是唯一的真正财富，因为没有任何人能将其夺走而且很可能这是我们带到天堂去的唯一的东西，如果天堂存在的话。我们最好在合适的时刻将钱花掉而不是一直放着。

物质主义价值观让我们远离了自己。以自我为中心将我们关在了世界之外。然而，我们会发现，喜悦来源于我们对世界采取的行动上。当我们为了一个目的、为了他人，甚至不为任何利益……而忘了自己时，最美好的体验就会到来。只要我们忘了自己，就这么简单。因为那时我们就可以迎接世界的振动了。为他人而行动、而赞叹大概是最有希望获得喜悦的途径了。

1 Katherine L. Rosenblum, Arnold J.Sameroff, Edward L. Deci, Christopher P. Niemiec, Richard M. Ryan, Osp Árnadóttir, Rod Bond, Helga Dittmar, Nathan Dungan , Susan Hawks, Published online : 16 July 2013 Ó Springer Science+Business Media New York 2013.http://sdtheory.s3.amazonaws.com/SDT/documents/2014_Kasser_et_al_materialism.pdf Lyubomirsky, Sonja, *Qu'est-ce qui nous rend heureux*, Les Arènes, pp. 178,179.

伽马波

"世界上最幸福的人是马蒂厄·里卡尔[1](Matthieu Ricard)。"科学家在扫描了他的大脑后宣布了这个结论。马蒂厄·里卡尔，一位细胞遗传学博士、虔诚的藏传佛教僧侣[2]、作家、摄影家，将他的各种才能用在服务他人上。医学成像清楚地显示他拥有一种可以产生长伽马波的能力，其大脑中伽马波的震荡幅度打破了迄今为止人类的纪录。他是怎么做到的呢？通过静坐、观察发生在自己身上的事情，并且敞开怜悯之心。

---

1 http: //www.matthieuricard.org/humanitaire.

2 马蒂厄·里卡尔参与了诸多活动，是karuna-Shechen 组织的创立者。这是个非营利性的慈善组织，目标是将怜悯之心落实在行动上。自2000年以来，karuna-Shechen 发起并实施了一系列计划，主要针对印度、尼泊尔等地的贫困人口，在基础医疗卫生方面以及教育和社会服务方面进行救济。

冥想能够使得自我和生命的振动一致。这看来很复杂。那就让我们跟着他学吧：当他冥想的时候，他呼吸，倾听吸气运动，然后倾听呼气运动。

一开始，当我们开始冥想时，许多想法趁机溜了进来，想要利用这可用的空间来占据我们的精神屏幕。这是因为我们将“关注外界”这个按钮调到了关闭状态，大脑就进入默认模式，产生了一些看似随机的想法。静坐不动时，我们凝视这场由代表着我们想法的图像和词语所构成的华尔兹，并且观察这些想法是如何互相协调、互相助长、互相交错、互相配合的……我们的神经元活跃起来，将这些想法连接在一起。我们逐渐获得了动力，也了解了大脑的机能。集成信息、建立连接、组合感觉和想法，这就是我们中枢神经系统的工作。通过将注意力保持在呼吸上，我们能慢慢地感觉到隐藏在烦躁不安中的稳定。我们最终能找到平静，这个能令人依靠的稳固的东西吗？像海洋或天空那样的平静……无论海底下的活动如何剧烈、海浪如何猛烈，海洋依然是海洋。我们也看不见大气气流的运动，天空中令我们陶醉的那些小亮点是剧烈活动进行的地方。我们寻找稳定，但是生命是永恒运动着的。运动定义了生命！僵化……就成了行尸走肉。而且，行尸走肉的状态不会维持太久，因为生命和细菌会很快地行使它们的权利，要么回归生命状态，要么被分解。只要我们活着，细胞就不停地运转，酶也在发挥自己的功能，分子之间相互作用并且传递信息。生命，是运动的。我们通过特写镜头就会发现：在原子这一层面上，一切也是运动着的。原子波或粒子？粒子出现、消失。生命是振动着的。冥想时，我们的大脑发出长波，细胞也同步。静静地坐着，我们能察觉到自己身上生命的振动。可能喜悦，就是这个。

练习

我停下一会儿，

倾听我内在的生命。

我倾听周围的声音，

我看，我体会……一切都由振动组成。

我感受世界的振动，并与之同步。

为此，我对我的细胞予以信任。

“良好的振动”[1]与呼唤融合

1996年12月10日清晨，一位女性大脑左侧额叶的一根血管破裂，虽然这是场不幸的意外，但是当事人恰巧是个行家。当吉尔·博尔特·泰勒[2](Jill Bolte Taylor)意识到自己奇怪的感知和右胳膊麻痹是脑损伤所导致的结果时，她思量道：对于一个神经解剖学家来说，这是研究大脑内部问题的一个千载难逢的机会。这就是所谓的积极乐观的态度！我们的大脑由两个半球组成，两个半球通过胼胝体纤维连接起来。

---

1 良好的振动：是振动、气氛、环境的缩写（《拉鲁斯词典》）。

2 她将自己的经历写进了书里，并且于2008年在TED大会上分享了自己的经历。http://www.ted.com/talks/jill_bolte_taylor_s_powerful_stroke_of_insight?language=fr La Puissante Introspection de Jill Bolte Taylor – TED 2008。

这些纤维融合了来源于每个半球的信息，并且将这些信息整合起来统一运作。但是吉尔·博尔特·泰勒的经历让她能够发现这两个额叶处理信息有多大的不同。她甚至说每个额叶都有自己的特性。她的左脑因为淤积的血块而萎缩，她只能接收到右脑的信息。自己与周遭的一切物体不再有边界区分。靠在浴室的墙上，她自我描述道：“我胳膊里的原子和分子跟墙里的原子和分子混合在一起了。”幸运的是，她的大脑左半球并没有完全丧失机能，还示意她存在问题，需要帮助。当她“动身”到达自己称之为“拉拉大地”的右脑世界时，她便与宇宙能量连通起来，拥有了能量之源。沉浸在绝妙的寂静里，着迷于自己周围的能量的光辉，她与世界融为一体。她甚至记不起工作的压力了，她感觉轻松、惬意、安心。但是当她试图读一张邀请卡来辨认出要拨的电话号码以获得帮助时，却只看到一些像素点。她丧失了阅读能力。她用了45分钟才成功地给一个同事打了电话。当电话接通的时候，她不明白同事说了什么，而且除了咕咕哝哝的话，她再也说不出其他的。同事明白她出了大问题，紧急叫了一辆救护车。这位神经解剖学家花了好些年的时间才恢复自己的各种能力，不过她从这段经历里获得了飞速的成长。她得出了什么结论？我们的左脑用处极大。左脑救了她！这个左侧额叶能让我们准确地管理自己的日常生活，用语言来交流，让我们能阅读、写字。是它将我们记录在时间线上，存储过去或预料未来，而右脑却沉浸在永恒的现在之中。但是在吉尔看来，大脑左半球本身的特性，包括关注细节，甚至极其琐碎的细节，立足于过去或未来，有时候会成为障碍，因为它让我们相信每个人都与其他人不同。她察觉到了这一点。我们都是有能量的生命体，同属于人类大家庭。我们是谁？在吉尔看来，右脑会回答："我们是宇宙的力量。"而左脑会说："我是我自己。"在此我们好像又看到了我们的相似面（融合、大爱、共融）和动态面（目标、存在、身份）。

极度喜悦、难以名状的幸福、宇宙大爱……这些真的是右脑固有的特性吗？其他神经系统的科学家强调指出，这些感觉属于人濒临死亡时常用到的词汇。他们坚持认为，如果血块位于右脑的话，她也会有几乎同样的经历。吉尔·博尔特·泰勒的理论很吸引人，但是大脑是作为一个整体来工作的。语言处理的确主要位于左半球，但是只适用于90%的右撇子和70%的左撇子，而且在中国情况又有所不同[1]。况且，功能医学成像打破了历来人们对大脑的迷思，即左脑负责严肃、悲伤，而右脑专管喜悦。实际上，当一个人感觉舒服又积极向上时，是他的左侧前额叶皮层兴奋。当感觉忧伤时，则是右侧兴奋。多亏了功能性磁共振成像，我们可以观察到、感觉到喜悦时大脑有四个结构处于活跃状态：右侧杏仁核、左侧前额叶、腹侧被盖区和伏隔核。后两个结构是我们称之为报偿回路（奖励作用与行为刺激的主要来源）的基础部分。但是，这些并不能掩盖吉尔·博尔特·泰勒的经历具有启发性这个事实。我们所有人都渴望这种融合、这种意识的飞速发展，它促使我们揭开覆盖在心灵上的面纱。

1 可能因为汉语是一门调性语言。要表达自己并且明白他人所说的话，讲汉语的人需要较多地使用右颞叶，就像讲英语或法语的人需要较多地用到左脑一样。February 24, 2015–http://theconversation.com/if- you- speak- mandarin- your-brain- is- different-37993。

心灵的揭示者?

吉尔·博尔特·泰勒在恢复期间所描述的画面和感觉，那些吸食迷幻药的人也有过同样的描述。迷幻药，这个词的意思是“揭露心灵的东西”。大众仍然将它与海洛因、吗啡、可卡因等毒品混为一谈。吸食毒品后，大脑伏隔核的大麻素感受器会启动，人会感到强烈的愉悦。等这种感觉“退下来”时，吸食者只有一个愿望：重新开始。毒品会令人上瘾而且非常危险。引起幻觉的裸盖菇素、麦角酸二乙基酰胺、麦司卡林、仙人掌、伊菠加和死藤水都会引起意识状态的改变。数千年以来，在萨满的治疗或占卜仪式中，这些植物被频繁使用。人们食用这种植物，不是为了愉悦，而是为了扩展意识或治愈疾病。与上述所列举的娱乐性的毒品不同，这些植物不会致瘾。在托姆·韦迪耶(Tom Verdier)的一本小说中，有个人物将吸食麦角酸二乙基酰胺和去日本旅行做了一个有趣的对照[1]。他说吸食麦角酸二乙基酰胺像旅行一样，回来时我们赞叹不已，但是第二天不一定会再去，下一年也不会。如果说迷幻药在大多数国家仍然被列入毒品，然而仍有某些国家将其认定为文化遗产。尤其需要注意的是，以治疗为目的而对这些大有前途的传统迷幻物质进行的研究正在世界各地广泛开展起来[2]。一开始的研究发现迷幻药在治愈创伤后的精神紧张症、调节痛苦和缓解抑郁方面具有强大的疗效。某些成分在帮助戒掉毒瘾方面似乎也大有可为。

娱乐性的毒品所塑造的人造天堂吸引了那些在日常生活中过得不怎么快乐的青年人和成年人。由于毒品被

1 Tom Verdier, *Lucie dans le ciel*, Albin Michel出版社，2011。

2 MAPS – 加拿大温哥华大学。

禁止交易，黑市发展起来，毒品贩子聚集到了初中和高中门前。是时候通过法律来规范这方面的消费了。假设大麻或麦角酸二乙基酰胺能在药店买到，但规定比如只有不小于25岁的人方可凭处方购买，而且药品需要附带详细信息和使用说明，明确标明副作用。在我看来，这样做的好处是毒品贩子无法再通过贩卖毒品而获得任何利益了。只有这样，他们才不会再擅自占据初高中门口以便于把年轻人拖入毒品依赖中。我们的孩子们也不会再冒险去吸食由形形色色可疑化学品组成的毒品。但是除了通过立法来阻止毒品贩子的活动之外，同危险的毒品进行的真正斗争在于培养喜悦，给孩子、青少年和成年人提供各种条件让他们实现自由、跟世界连通起来，并且让他们有能力获得心流(*flow*)这种最好的体验，而不需要求助于那些应急方法。有了喜悦之后，网络游戏、大量的邮件、短信、跟几千个“朋友”的连通，这些将大家的不快乐掩盖起来的东西，也就变得不再那么有吸引力了。

我们振动着

我们已经习惯了将身体看作是精神的支撑。精神是骑士，身体是马……但是事实要比这复杂得多，因为我们属于生物、化学和电的范畴。人们指责勒内·笛卡尔(René Descartes)将身体和精神区分开来。实际上，在1637年，笛卡尔就提出了灵魂和肉体二元论。这个伟大的智者是科学方法之父。今天在我们看来，进行试验、观察、怀疑和思考都是很自然的事情。但是在那个时代，经院哲学占据主导，也就是说，大家都是在宗教文字中寻找所有问题的答案。有问题？看看经文！人们绝对不可能质疑教会的信条。对于科学家来说，那不是宽松温情的时代。伽利略刚刚被判刑。笛卡尔放弃了出版他的《世界体系—光学》(*Traité du monde et de la lumière*)。值得庆幸的是，“笛卡尔思想”将灵魂从肉体中明确地分离了出来。他将灵魂留给宗教人士去研究，这样他就可以对肉体进行怀疑、论证和探索。这种灵魂和肉体的分离使得科学家能更好地理解我们机体的构造和功能。灵肉分离的这个概念就像一个木筏一样，载着我们穿过宗教蒙昧主义的河流。今天我们不再害怕被活活烧死……唉，即使金钱蒙昧主义还占据主导，奚落、毁灭了许多发现者[1]，还败坏了他们的名誉，我们也不再恐惧。安东尼奥·达马西奥(Antonio Damasio)在《笛卡尔的错误》(*L'Erreur de Descartes*)这本书中，让情绪重新回到了会思考的大脑中。我们可以重新将身体和精神放在一起来理解，我们会认识到我们的大脑，作为服务于行动的神奇的机器，可以让我们明白自己，甚至明白一些神奇的经历。反过来，我们的思想和情绪也会将信息告知大脑。是什么在传递信息呢？

心电图、脑电图和肌动电流图记录下分别流经心脏、大脑、神经和肌肉的电流。神经元、神经使用电。当然

1　邦弗尼斯特（Benvéniste）、贝连斯基（Beljanski）……

了，并不是220伏的电，我们不会冒险让朋友们触电身亡。即使有时候因为我们聚集了大量的静电，嘴唇会冒出火花！频率和节奏激活我们的整个机体。极化、去极化、神经冲动传递信息。我们的感知、思想、情绪、梦想、运动，这一切主要由电流的脉冲进行调配。

在持续运动时，我们身体的细胞会产生微小的振动，因此发出声音！2004年，加利福尼亚大学洛杉矶分校的纳米技术专家吉姆·吉姆泽沃斯基(Jim Gimzewski)教授设计了一款仪器，可以让我们的耳朵听到这些声音。太棒了！研究者吉姆·吉姆泽沃斯基不仅能听到细胞的声音，而且能听到它们在抱怨或表达喜悦（这点是我的推论）。在尼古拉·特斯拉(Nikola Tesla)和乔治·拉科维斯基(Georges Lakhovsky)之后，他论证了细胞根据自身健康状况会发出不同的频率。任何活细胞都是一个微型发射接收器，是以特定频率运动着的振动体，可以产生振动。

卢恰诺·贝尔纳迪(Luciano Bernardi)医生强调指出，细胞的变异越大、越规律，身体就越会产生一种脉动，这种脉动似乎是生命本身的表达方式。当我们与这种基本的脉动一致时，就会充满喜悦。只是单纯地感觉到振动，没有特别的原因或特别事件发生，喜悦就会出现。

练习

我对喜悦的容忍度是怎样的？我会任由自己受情绪的控制，还是会与情绪做斗争？为了了解这些，我观察面对自家孩子（或者公园里的其他孩子）的喜悦时自己会有什么反应。是不是因为觉得他们制造了太多的噪音或者太好动，所以我倾向于试图让他们安静下来，还是任由自己被他们的情绪所感染并加入他们？

我尝试着让自己比平时更多地融入他们的情绪中。我放任这种感觉蔓延到整个身体，并在这种感觉中呼吸。

和家人、孩子、伴侣或朋友一起，我重复做了下列表格中的那些动作……我观察自己的感受，同时记录下家人的反应。

	我的感受	家人的反应
抬起胳膊		
挺胸		
喊		
张开双手		
举起紧握的拳头		
微笑		
哭泣		
跳起来		
蹦蹦跳跳		
跳舞、转圈		
跑		
拥抱		
向大家/爸爸妈妈挥手致意		
翘脚		
面朝天		
抬头		

关系、联系、归属

“再见到你们好开心啊，朋友们！”

达芙妮穿着小黑裙，神采奕奕、容光焕发地迎接着客人。她的眼睛闪闪发光，喜悦挂在脸上。

罗兰张开双臂向前迎接朋友，嘴角挂着微笑，抬头、挺胸……

“你啊你，终于来了！见到你好高兴！”他的语调比平时交谈时稍微高了些，说完之后紧紧抱住了朋友。

“哇，叔叔！”

6岁的克洛艾的喜悦就显得更喧闹一些。小姑娘跑向叔叔，跳到他怀里，扭来扭去，又跳下来，围着他又跑又跳……

不管我们是否任由自己自由地表达喜悦，见到心爱之人时我们都会感觉到喜悦。面对熟悉又喜欢的人，我们会卸下心防。感受到我们对他们的友爱和他们对我们的温情，令我们充满喜悦，这种感觉超棒！就像在自己家里一样舒服。大家回忆共同经历的快乐，共同度过的美好时光，预想未来的幸福。会面令我们心怀感激，提高了我们的自尊心，加固了我们的社会地位，并增强了我们的安全感。

喜悦象征着归属感。当我们遇到跟我们同属于一个群体的人的时候，也会感到喜悦。我们可以张开双臂欢迎以前从没见过的远房堂兄。我们此时不能说喜欢他，因为我们并不认识他。归根结底，他对我们来说就是个陌生人，如同来自叙利亚或其他地方的移民一样，但是我们有共同之处，我们属于同一个家族，即使我们刚刚发现这一点。融入同类人当中并与他们同步，归属于群体，对人来说都是基本的需求。喜悦表明我们和这些最重要的东西建立了联系。

我们是社会性的动物

从蒙昧时代开始，人类就集体生活在一起。离群索居是危险的同义词，排除在外是最糟糕的惩罚。在过去，孤独经常意味着死亡，因为一个人在荒凉之地很难幸存下来。自己主动选择的孤独时刻可以是建构自我、增强活力的时期。但是由于环境或其他权力的滥用而被动接受的隔离，会引起各种类型的精神障碍和生理紊乱。

当我们互相接触、深情相望、互相关心时，身体会分泌催产素，也就是“爱的荷尔蒙”。互相凝视、问好、谈话、倾听，我们绝对需要接收并与他人交流一些信号，这些信号能让我们知道我们为了其他人而活着，而且我们被这个群体所接受。就像许多社会性物种一样，人类本身具有一个依恋系统，目的是保证自我的安全感。催产素只是依恋系统中的一个因素。婴儿依赖照顾他、喂养他、保护他的父母。而且人类是群居动物。从生物学上看，我们会对我们出生后的九个月里照顾我们的人自动产生依恋，他将会成为我们依恋的主要对象。我们还会对许多次级对象形成依恋。当我们离开依恋对象的时候会哭，当我们再见到他的时候则会感觉到喜悦。

遇到我们所爱之人，不管是熟悉与否都能让我们感觉到归属于某一个群体的人，都能带给我们喜悦。我们跟其他人联系在一起，不再孤立无依，我们拥有安全感，能够放松警惕，面对着同类人，我们可以与他们同步并融为一体，这就是我们喜悦的来源。

振动同步进行

《海洋》(*Océans*)是由雅克·贝汉(Jacques Perrin)和雅克·克鲁奥德(Jacques Cluzaud)联合执导，在水下拍摄的一部神奇的纪录片。在这部影片中，鱼群优美的“芭蕾舞”令人叹为观止。这种绝妙的生物流畅地、灵活地跳着舞，并且可以集体改变速度、方向，总体看来几乎完美。这样的和谐一致与整齐统一令人惊讶。它们是如何交流才达到如此同步的呢？实际上，它们并没有交流。三条规则决定了这种协调一致的行为：第一，向离自己最近的鱼看齐。第二，尽可能地靠近。为了避免相撞，还需要保持合适的距离。第三，当捕食动物靠近时，尽快逃跑。之后一旦敌人离开，又重组阵形。根据这些简单的规则，数学家能够在电脑上重现这些奇妙无比、同步进行的舞蹈。不只是鱼群，欧椋鸟群、食草动物群、萤火虫群都展示出了行为上的同步性，这着实令人赞叹。研究者将这种趋于同一个频率、相位，有时候趋于同一种强度的系统性趋同命名为自生振荡或耦合。人群也倾向于同步，无论结果好坏。喜悦源于这种同时性，但是我们也会在其中失去自由意志和批判能力。关于这个问题，我们以后再探讨。现在，让我们尽量去了解这个机制吧。

1665年，荷兰物理学家惠更斯(Huygens)，因为生病不得不卧床休息，在此期间他发现两个并肩摆放的摆钟响起来时完美地实现了同步。如果打乱这种同步，只要半个小时它们就又会重新达到同步。如果将它们分开，同步就停止了。对耦合振荡器的研究从此开始了。“自然界充满着耦合振荡器，在人身上尤为显著：对于心脏的十万个细胞来说，每一个都能单独地启动脉冲，完美地构成一个整体，使得心脏能够有规律地跳动；胰腺细胞会分泌胰岛素；大脑和脊髓的神经元控制着有节奏的行为，比如呼吸、跑步或咀嚼。振动不仅存在于我们身上、我们周围，而且还趋向于共振和同步。”数学家斯蒂芬·斯托加兹[1] (Steven Strogatz)解释说，任何振动都会形成循环，在我们周围、在我们身上全是循环，这些循环趋向于同步。这种现象不仅可以从同一个器官上观察到，在不同的个体之间也存在。

两块并排放置的机械表，若是款式相同而更容易同步。一块表所发出的振动取决于它的结构。那么同一个房间里的两把吉他呢？在一把吉他上弹出来的音符或和弦，会让角落里的另一把吉他产生共振。音乐家已经习惯了这种现象。振荡器之所以同步也是因为它们彼此相似。因为形状相同，它们能互相认出彼此。

妈妈对婴儿微笑，婴儿报以微笑，妈妈又对他微笑……这种循环的回应就形成了依恋，妈妈的大脑和婴儿的大脑达到了同步。如果对着屏幕，这种方式不会奏效。一个孩子很容易从别人那儿学会外语，因为他能“同步”，他可以认识到这个人跟他相似，因此可以模仿。如果同样一个人通过视频教他，他就不会学。我们的神经元绝对需要其他人真实在场，才能跟他们达到同感共

1　斯蒂芬·斯托加兹关于同步的论断：http://go.ted.com/bdib。

鸣。手机短信、网络或其他的虚拟接触对孩子来说是不够的。

同步是大自然的一种功能。我们同步时，会感到喜悦。无论我们跟他人的关系是伴侣、亲子、师生、照顾者和被照顾者……当关系和谐时，两个人的神经元会一致，功能性磁共振成像可以作证。此时当我们测量各种生物参数时，会发现两人的新陈代谢变得更好。与争吵相比，当人们彼此同步时，身体会更健康，也会感到更多的喜悦！

唱歌和同步

12月30日在加利福尼亚奥克兰的一个教堂里，50多个人围成一圈在唱歌。合唱团的指挥站在中间，快速地将她周围的人按照小组划分为女高音、女低音、男高音、男中音、男低音，并且给每个人都定调子、定节奏，并分配需要演唱的音节。“为你的生命而歌唱”这个活动每年这个时候都会如期举行。合唱团就这样12个小时不间断地唱歌。在这种持续的歌声中，某个人会往前迈几步来即兴独唱。这个传统是在20世纪80年代中期，由博比·麦克费林(Bobby McFerrin)和他的无伴奏人声乐队在旧金山恩典座堂首先发起的。他们组织整个队伍连续唱歌12个小时，你可以想象到他们产生了多么无与伦比的影响。这个活动不是为了表现卓越，只是通过音乐将大家连接起来。我们加入到唱诗班中去，大家为我们让开位置。不需要知道歌词。指挥者给了我们一些需要按节奏唱的音节。她调整了一下速度，好了，开始了！她鼓励我们唱得更大声一些。我们很快就来了情绪。这样扯开嗓子放声歌唱多开心啊！唱歌时，每个人都需要全神贯注，注意自己的呼吸和发出的声音。当然了，也要关注他人，因为这是集体合唱，需要和谐。我们只是出于单纯的好奇才来到这里，而且预计只待20来分钟。但是都过了一个小时了，我们还是舍不得离开这个圈子。如果我们没有其他重要约会的话，我们就会继续待在那儿了。法语合唱团(chœur)这个词来源于拉丁语的chorus，意思就是加入。当我们这样全身心地加入合唱团时，喜悦喷涌而出。

一起唱歌会带来喜悦。在斯特凡妮的领导下，我们组建了一个小小的唱歌团体，她经常反复对我们讲："唱歌，就得大胆！""释放阿素夯斯图利克斯[1] (Assurancetourix)"已

---

1 阿素夯斯图利克斯是法国漫画《阿斯泰利克斯历险记》（又译《高卢英雄传》）里面的一个人物。他是村里的游吟诗人。他自认是个天才，但是其他人都觉得他五音不全。他一有唱歌的想法就会有人来阻止他（经常被打得很惨）。在每个故事最后的宴会上他都被绑在一边的树上。——译者注

经变成了我们这个团体的座右铭。我们几乎不在法国[1]演唱:“唱得太难听了,简直是鬼哭狼嚎。”“你唱跑调了。”阿斯泰利克斯所在村庄里的高卢人每到宴会时就将游吟诗人阿素夯斯图利克斯绑到树上以阻止他唱歌。这个画面经常萦绕着我们的意识,让我们不再发声。我们没有一副好嗓子吗?我们的确唱跑调了?当你开始演奏钢琴或萨克斯的时候,你不会质疑乐器,你知道需要练习。嗓子也一样。确实并不是所有人都拥有雄浑的嗓音可以穿透听众的心,但所有人都可以唱歌,只是需要实践、练习,尤其需要大胆!洗澡时一个人唱歌很舒服。然而无论是在饭后、过节时或仅作为娱乐时,大家能在一起唱歌都是奇妙无比的一件事。

同步是任何生命系统和非生命系统的一种自然趋势。实际上,简单的同步似乎就能带给我们喜悦。一起唱歌、跳舞,就是同步。当我们与其他人“同相”的时候,喜悦就会出现。我们很乐于使用电力方面的这个词,不要总是去掂量它的文学性有多强。

---

1 法国人嫌我们唱得难听,就像游吟诗人一样。——译者注

快闪族的成功很大程度上取决于同步的喜悦。快闪族通过闪电般的动员，聚集在一个公共场所唱歌、跳舞，进行事先约定好的行动，然后迅速分散。快闪族能快速又强烈地让人感到自己是一个行动者、一个团体的成员，一切都服务于一个目的或者只是为了同步的喜悦!

一起祈祷、一起唱歌、一起庆祝，所有这些都加固了团体的紧密。大卫·塞尔旺－施莱伯(David Servan-Schreiber)医生在他的《抗癌》(*Anticancer*)这本书里，详细讲述了卢恰诺·贝尔纳迪(Luciano Bernardi)医生的传奇经历。卢恰诺·贝尔纳迪医生研究的是根据智力活动（心算、大声阅读……）测量生物节律的变化（神经元的电活动；心脏搏动、动脉血压、流向大脑的血流量和呼吸等微小变化)。任何实验都需要一组参照，也就是说研究人员建议其他人做一些事情，而参照组做另外的事情，以便只有一个方面发生变化，从而使得研究具有意义。因此，贝尔纳迪一直在寻找办法使测验组可以不动脑筋地讲话。他想到了让他们循环念《玫瑰经》。这是一些意大利人，他们全都能熟记经文。结果令人震惊！屏幕上，所有测定的生物节律都达到了共振！它们排成行，扩大并且不停地互相协调。为什么会这样？因为在意大利的教堂里，《玫瑰经》是神父通过一次呼气形成回音而念出来的。测试对象很自然地采纳了他们已经习以为常的这个节奏，每分钟吸气六次。确切地说这就是贝尔纳迪打算测量的那些功能波动的自然节奏。因此，这些功能进入了共振，并相互增强。卢恰诺·贝尔纳迪因此思考到是否其他宗教实践也有类似的效果，所以他让测试对象念佛教咒语：唵—嘛呢—叭咪—吽。他们的呼吸自动地稳定在每分钟六次的节奏上，跟念《玫瑰经》一样，测定的生物节律趋于一致。是因为这两种传统在历史上有共同的根源吗？实际上，好像是十字军战士将《玫瑰经》引入了欧洲，而他们又是从阿拉伯人那儿学到的，阿拉伯人则是从藏族僧侣和印度瑜伽信徒那里习得的……因此，生物节律和谐能产生喜悦的这一发现可以追溯到极其遥远的年代[1]。

---

1 Servan-Schreiber, David, *Anticancer, Prévenir et lutter grâce à nos défensesnaturelles*, Robert Laffont 出版社, 2007, pp. 259-262.

灵修的内在之火

与光明相遇的神奇经历激活了改变生命的内在之火。有过这种经历的人会感到无条件的爱和喜悦充斥着他们的内心，令他们心荡神驰。常见的情况是，这次相遇之后，他们开始为他人服务。灌溉他们生命的喜悦并不流于表面，而是可以让他们克服生命中的障碍和困难。然而这种经历并不是信教者的专属权利，即使有时候会导致他们皈依。所有的人分享同样的价值和渴望。如果说宗教将我们分开，那么我则坚信灵修能将我们团结起来。若干个世纪以来，宗教徒互相冲突，无休止地斗争，进行破坏和扭曲，妄图消灭“异己”，让自己的信仰被认可为唯一正确的。这些信仰如此脆弱以至于他们害怕争议。他们需要保持整个建筑的完好无损，生怕一切都崩塌了，留下自己独自面对意识所产生的焦虑。宗教(religion)这个词源于relegere，原意是“严格遵守”。每个宗教都极力同其他组织区别开来，命令人们遵守某些仪式和戒律，尤其在食物方面，目的是既聚集又隔离：围绕着饮食聚集起一个群体，并且驱逐不属于这个群体之人。

抛开这些斗争，普世教会合一运动公开表示所有的宗教都有同一个目的。他们说的并不是完全没有道理。宗教间的对话归根结底是人类之间的对话，人们经常会得出这个结论：所有人都渴望爱，只要他在正确的道路上就会遇到喜悦。

有时候灵修和宗教会混淆，而且宗教信仰方面的文集也主张进行灵修。但是当信徒从中找寻心灵的舒适时，宗教就会遏制灵修。当宗教成为人的避难所，当教义成为人的支柱，人就需要竭尽全力来捍卫它们。大部分宗教都有两面，对于意识的探求者来说，它具有秘传的一面，对于所有人来说，它又有对外传授的另一面。对外传授之路倾向于口授善与恶，它允诺只要遵循惯例和顺从，灵魂就会得救；它将各种关系系统化，解答疑问，甚至支配人们的思想。顺从令人安心，绝对的答案可以平复生存焦虑，但是却让我们的大脑前额叶缄默不语。宗教所带来的归属感补偿了这种服从，变成最重要的东西，需要付出任何代价来增强……对外传授之路是一种内在探索。

灵修，远不会给人类带来答案，而是会审问人类。自我提问并因此提高智力，拥有自由意志，根据自己的价值来引导生命的方向，这些都是人的本性，是脑前额叶的功劳。如果说宗教被用来平复了生存焦虑，却也抑制了人类的灵修。灵修这个词对我来说意味着责任感，也就是每个人在宇宙中要各司其职。“宗教是人民的鸦片”是卡尔·马克思(Karl Marx)最著名的话语之一。其完整段落由这位德国哲学家写在对黑格尔哲学的批判中，跟上面的话语有细微的差别，并且指明了语境：“宗教是被压迫生灵的叹息,是无情世界里的感情,是没有灵魂的处境里的灵魂。它是人民的鸦片。”在他之前，哲学家海涅(Heine)已经讽刺地引证了宗教的麻醉角色：“宗教降福，它在受苦的人类那苦涩的圣餐杯里倒上了几滴温和又催眠的精神鸦片，几滴爱、信任和希望。”

我们听说让人变好必须通过宗教，而且宗教经典所宣扬的戒律、需要虔诚履行的义务和升入天堂的许诺，会造就利他主义和慷慨。稍微留意一下人类在地球上的历史，就知道事实并非如此。某些针对捐赠的研究得出的结论是信教者更慷慨，确实如此。但是这些研究经不起更深入的分析，这里面有一个极大的偏差：这些研究所涉及的捐赠都是献给教堂的捐赠。社会心理学的实验避免了这种偏差，显示在慷慨、道德、正直（不弄虚作假）和利他主义、帮助他人方面，信教者和无神论者这两个群体是一样的，甚至无神论者稍占优势，可能是因为他们做这些事情既不是因为害怕神的惩罚，也没希冀神的奖赏。最近芝加哥大学对世界各地7～12岁的孩子进行了一项研究[1]。当我们询问父母的时候，根据他们的回答，似乎可以推断出宗教家庭出身的孩子比无神论家庭出来的孩子令人感觉道德更高尚。但是当我们建议孩子们将贴纸分给其他小朋友的时候，宗教家庭出身的孩子与其他孩子相比，分享意识要差一些。宗教人士喜欢说自己

---

1 Decety, Jean, « The Negative Association Between Religiousness and Children's Altruism Across the World », *Curr Biol.* Vol. 25, pp.1-5. Cité dans *Cerveau&Psycho* n° 73.

慷慨、道德高尚，但是从他们的表现来看，他们并不如其他人。心理学家提出了一个假设，就是宗教人士并不怎么需要展示他们的善良，因为他们自认为有宗教归属，所以已经属于好人的阵营了。不要误会，大部分的信教者不慷慨并不是因为不害怕地狱或不希望升入天堂。他们之所以这样，只是因为所有人都这样，这是人的本性。

从另一方面看，宗教远远没有表面上看起来的那么信仰一致。例如在天主教内部，有些人相信地狱和天堂，另一些人不相信。还有一些神父不相信天使的存在。再者，Sociovision事务所[1]的一项调查显示，14%的人自称属于某个宗教团体，但不是信教者。他们称自己是基督教徒、犹太教徒或穆斯林，但是并不信神。对于至少14%的人来说，自称归属于某个宗教无关精神，只是为了满

1　数据来源于l'Observatoire France Sociovision 2014-2015。

足文化归属感的需要。如果说宗教不能帮助人类变得更好，它也具有社会功能，能满足归属感和身份这些基本需求。它能让每个人感觉到有属于自己的位置，这个位置如果不是在地球上，至少也在神的心里。他们聚集起来，一起祷告、一起唱歌，感觉到共同属于一个团体。

归属感引导了我们的许多行为，好像也决定了我们放入投票箱的选票。“孩子会继承原生家庭的固定喜好来选择支持谁，这种喜爱就像标记一样，给他们提供了持久的评价表。”阿尼克·佩舍龙(Annick Percheron)的研究表明，大部分人倾向于跟父母站在同样的政治立场上。除了基于认真思考和个人决定外，我们加入教会和政党这些团体，更多反映了我们对归属感的需求。

对归属感的需求能激励我们持久坚持，保持现有的一切，维护仅仅因为自古有之这个在我们看来值得信赖的标记。

一起吃喝

复活节小牛肉或古尔邦节小牛肉、普罗旺斯的12种圣诞甜点、圣诞节栗子焖火鸡……节日为美食提供了借口。除了口腹之欲外，分享和仪式这两个方面也很具有意义。菜肴给人味觉上的愉悦，分享能将这种愉悦变为喜悦。在自己小小的单身公寓里独自一人吃栗子焖火鸡腿，就失去了鸡腿的魅力，尤其是在二月份吃。鸡腿味道没变，但是滋味却完全不一样了，因为它没有了特殊的含义。菜肴在圣诞节发挥了它的召集作用，让大家相聚在一起。大家同桌一起吃饭，是共融的一个重要方面。我们之所以吃同样的饭菜，一方面是因为这样没有坏处，另一方面是因为我们是一样的人，能够同步，所以是朋友。好生意总在饭桌上达成，因为当我们感觉吃饱喝足时，会更倾向于合作。我们会觉得跟自己一起吃饭的人很亲近。宴席、宴会和其他盛宴都能拉近人与人之间的关系，有利于缔结和平条约和洽谈生意。

“走吧，为你的胜利喝一杯！为所有人的健康干杯！”酒经常跟节日联系在一起，以至于不喝酒的人会被质疑：“扫兴！”年轻的时候，我很乐意喝开胃酒、红酒，以及餐后酒，而且我会表现出对好酒的偏好。有一天，我意识到饮酒已经变成了一种自发行为，因为有那么多的关系都是建立在这种社会礼仪基础上的，以至于我搞不清楚是我跟他人之间建立了联系，还是每个人都跟酒建立了联系……或者换句话说，因为真正认识一个人很困难，酒只是暂时掩盖了这种尴尬。因此我决定停止喝酒，滴酒不沾。不喝酒带给了我太多体验，以至于我持续了整整10年。通过完全戒酒，我发现自己的那些关系变得更加深入更加真诚。当我们沾了酒之后，很难感到喜悦。第一，我们不再有能力做出反应，身体不听使唤，手和眼睛也不灵敏了。第二，我们喝酒经常是为了躲避情绪，也就是不愿面对内心！酒精好像会让我们的社会关系变得简单些。但实际上，它损害了这种关系。它掩盖了我们的情绪，让我们活在表面，活得虚伪。我们喝酒是为了壮胆，但是也在其中失去了存在感和能力。我们喝酒是为了愉悦，但是也在其中丢掉了感觉。不管我们是男人还是女人，清醒时都比喝酒后性能力更强，也能享受到更多的乐趣。如果不喝酒，我们可以开心地跳一晚上舞，感受运动带来的极度快乐。几杯酒下肚后，舞蹈可能会更热情洋溢，但我们很快就倒下了！

尽管名声在外，但酒精并不能让大家玩得更好。它破坏了我们灵敏的反应，还有我们的感知、思考、跳舞和爱的能力。当然了，它带给我们快感，在我们的神经回路里注满类吗啡，但是它会阻止我们靠近喜悦。我们会体会到某种快乐和我们喜欢的友好氛围，再也感觉不到人与人之间的距离，而是感觉自己已经融入这个群体中。这种融合、这种亲近带给我们归属感和满足感……酒精消除了禁忌，因此能让那些被禁忌压得动弹不了的成年人敢于去做平时不敢的事情。可能正是因为在我们的集体无意识里，节日就应该疯狂，所以聚会狂欢几乎意味着有权利做任何事情。“我们在狂欢”似乎给性放纵和过度饮酒挽回了声誉。我们利用群体、集会，给自己的行为冠以合理合法的名义：“既然好多人都这么干，就说明这样很好。”

练习

和朋友组织一个具有节日气氛的晚会，不喝酒。

观察一下自己身上的变化，记录下自己可能直到那时都从来没有察觉到的差别。

聚会狂欢

“人越多，越热闹。”这句法国谚语准确地显示出，在一起笑的人越多，感染效果就越强。戴着耳机在家里听唱片，会听到很棒的声效，但是不如音乐会让人兴奋，因为在音乐会上我们可以分享观众的欢乐。一起鼓掌、呼喊、起立、跺脚都可以激发我们的活力。聚会的喜悦，是指开心地在一起，唱歌、蹦跳、跳舞、拥抱。欢乐(liesse)这个词是从古法语的ledece和拉丁语的laetitia中派生出来的，意思是大家共同洋溢着高兴、喜悦之情。Lie在古法语里本就代表着联系、捆绑、紧靠、团结和喜悦、开心。生日，母亲节、父亲节和祖父母外祖父母的节日，考试成功，比赛获胜……我们有这么多的机会可以聚在一起庆祝。庆祝(célébrer)这个词，来源于拉丁语celeber，意思是许多、大量、很频繁。庆祝，是指许多人聚在一起来庆祝。一个人被称作名人，是因为在他周围聚集了数量众多的人。婚礼，天主教、东正教、印度教或者伊斯兰教的洗礼，圣餐和犹太教成年仪式，除了可以强化信仰、增强文化和宗教方面的归属感，也同样为团结不断扩大的家族并巩固联系提供了机会。这也是欢乐的时刻。在西方国家，结婚的人数在下降。在美国，大家对此进行抗议而且有些人开始建议假结婚！两位喜剧演员扮演新人的角色，客人们买票入场参加婚礼。在婚礼上，我们可以尽情玩乐而且还会有一些偶遇！就算一纸婚书不再具有传统的约束意义，凭什么婚礼的欢庆就因此失去意义呢？实际上一场婚礼跟一个普通的节日一样，不会改变什么。仪式才是我们所坚持的……

与中世纪相比，我们现在的工作要多得多。那时宗教庆祝活动、集体节日、婚礼、游行、水上比力、骑士比武、宴会……庆祝的日子排得满满当当。没有带薪休假，没有周末，但是有90多天的节日和集市。几乎每隔三天就会有一天放假！所有的群体都利用这些欢乐时光来重建各种联系，并让反抗者缄默。尤利乌斯·恺撒(Jules César)说[1]：“面包与马戏。”节日可以汇集、安抚、滋养归属感以及表达的需要。仪式、集会、舞蹈、歌曲都是为了保持社会群体的持久存在与其文化的恒久发展。家庭节日可以增强家庭的团结。宗教节日可以将信教者团结起来。以前每个乡村组织的向主保圣人致敬的许愿节日，能够让村民的关系变得更紧密。节日扮演了阀门的角色。美味佳肴、美酒、或多或少放纵的性爱，在整个节日期间，几乎一切都被允许，尤其是角色颠倒，每个人都可以摘下自己惯用的面具，脱离自己的社会角色。只要是“为了狂欢”，各种过度的事情都被准许。许多庆祝活动要求戴面具、乔装打扮。每个人在几个小时的时间里都有权利走出社会强加给自己的角色。这种自由让大家得以在以后的日子里继续忍受桎梏。威尼斯、里约热内卢、尼斯每年都举行狂欢节。这些狂欢节可以在一定程度上打破社会等级。狂欢节、法兰多拉舞、喧闹声可以让我们激动兴奋、表达自我、满足对自由的需要，

1　在法国漫画《高卢英雄传》中恺撒的看台上挂了这句话，实际上原话是罗马诗人说的。——译者注

同时也能增强我们的博爱之情、团结精神和归属感。节日还能巩固我们的社会关系并且维持社会秩序的稳定。

维克多·雨果(Victor Hugo)的小说《巴黎圣母院》(*Notre-Dame de Paris*)，由迪士尼普及推广开来。这部小说让我们重温了愚人节(lafête des fous)。卡西莫多作为社会最底层的人，被选举为国王。他被人群高高举起，成为那一天的愚人之王。法国传统节日愚人节[1]或者神圣无辜者节(亦是西班牙愚人节)诞生于巴黎和欧坦的教堂，从12世纪开始就有记载。12月28日被犹太人用来纪念伯利恒对无辜者的屠杀，这些不到两岁的婴儿被大希律王(Hérode)下令杀死，因为他希望除掉预言所昭示的未来的以色列君主，以保住自己的统治[2]。在教堂里，一位年轻的教士被选为愚人主教，他坐在用教皇的饰品所装饰的主教座位上。神父戴着面具、化了妆、乔装改扮，唱着歌曲跳着舞。他们在祭台上吃吃喝喝、掷骰子或玩牌，然后登上节日彩车在街道里游行。节日允许打破禁忌。喧闹、纵

1 《中世纪的节日》新闻资料展览常有此节日的内容，该展览由巴黎无畏的约翰之塔协会组织，于2014年2月5日到8月31日在杜尔当城堡博物馆展出。

2 在历史学家看来，这个故事是根据文本记载杜撰出来的。

情、纵欲的愚人节并不是天主教会创造的。它源于古罗马的一个古老的节日农神节，用来祭祀农业和时间之神萨杜恩(Saturne)。人们会在冬至前后庆祝农神节。节日期间，奴隶跟主人地位平等。

自古以来，人类就庆祝12月24日圣诞前夕和1月6日主显节。许多神都诞生于12月25日，包括索尔·因维克图斯（无敌太阳神）、密特拉（光明之神）、狄俄尼索斯(希腊神话中的酒神)、巴克科斯（罗马神话中的酒神兼植物神）。农神节之后马上就是印章节，这个名称来源于那天人们互相交换印章（拉丁语中的sigillum）和陶土制成的小玩意以及其他礼物。可能正因为如此，才出现了圣诞节互相交换礼物的传统。

圣诞节的喜悦并不只是归因于小耶稣，而是主要源于家庭聚会，在这个时刻，所有的冲突都不复存在了，难道不是吗？仪式保证了传统的延续，而我们举行这些仪式正是参与到这种延续中去。仪式让我们了解了集体所创造的过去，并与之相一致。

当个人历史与集体历史相契合

我之所以对12月28日这个日期那么敏感，是因为我女儿就在这一天出生。1993年12月27日到28日的那天夜里，每次宫缩，胎儿的心跳就会减弱。助产士拉响了警报，胎儿脐带上有个结，她自己绕不出来，所以只能进行剖腹产。我们给她取名叫玛戈，这个名字是几个月之前在游泳池的时候我和丈夫一起想出来的，我们觉得这个名字可爱又充满活力。之后我们一起又给她选了第二个名字。我建议叫艾丽斯，因为这个名字很好听，我相信孩子会超越一切外在，实现各种可能。当时我还产生了一个想法，这想法让我自己都很意外——我坚持加上玛丽作为她的第三个名字。这个选择对我来说也很奇怪，因为我并不是基督教徒。我不知道为什么，但是就想要这个名字。几年之后，一位心理系谱学的专家咨询我时提到了12月28日这个日期，她给我讲起了大希律王统治下那些无辜死亡的婴儿。回想起玛丽这个名字，她脸上露出了微笑。在她看来，我在无意识当中希望将自己的女儿置于圣母玛利亚的庇佑之下。许多年之后，我和丈夫在巴黎郊区的拉瓦雷讷的圣－伊莱尔买了一个工厂，想要创办一个幼儿园和小学，接收两岁以上的孩子。由于各种原因，这个学校没有开起来。在那个时代，在传统学校之外提出另一种选择是不容易的事情。如果说在这次失败中，社会心理方面的因素不容辩驳地起了重要的作用，我则希望能够明白这次失败在我的个人历史中有什么意义。我关注起家谱来，并惊讶地发现我外祖父迫于我外曾祖母（他未来的岳母）的压力，不得不把鞋厂卖了去从事自己明显并不喜欢的工作。这个工厂就位于拉瓦雷讷的圣－伊莱尔……我也得知他父母在这个城市曾经有过房子，而且他们曾经失去了刚满两岁的女儿。在并不知情的情况下，我本来想在一个工厂里创办一个幼儿园和小学，而这个地方距离他们的房子竟然只有几百米。我来到了蒙帕纳斯公墓，在小女孩的墓碑上，我发现了她的名字：玛格丽特。那时我意识到我给我女儿起名叫玛戈，就是玛格丽特的简称。我女儿出生于12月28日，那天是不到两岁的无辜婴儿的节日。我们将个人的历史回归到了家族历史之中。

不久之后又有一件高兴的事，我发现丈夫的曾祖母也叫艾丽斯，她曾经跟泰亚尔·德·夏尔丹(Teilhard de Chardin)和西尔万·莱维(Sylvain Lévy)还有我祖父的精神之父让·菲约扎(Jean Filliozat)一起旅行……在我们家族里，我们祖父母那一辈就有交叉相遇了。玛戈、艾丽斯、玛丽，每个名字都有特定的含义。我还记得如果当初生的是个男孩，我们会叫他安托南。因为，这个名字听上去非常响亮。我后来通过网上搜索才知道罗马帝国安托南皇帝，又被称为安东尼·庇乌，不仅在他统治的25年期间没将人民卷入任何一场战争，而且他掌权后采取的第一个措施就是废除了哈德良关于禁止犹太教的法律。这和我有什么关系？玛戈的父亲，也就是我的丈夫，是一个犹太人，虽然他不参加宗教仪式。

大希律王、犹太人的国王、不到两岁的婴儿、安托南、玛格丽特、玛戈……我们在无意识当中将未编织完的纬纱重新放到了织布机上，把断了的线头重新接起来，也让某些事重新产生连接。在这一生中，我们是自由的……自由地完成必须要完成的责任，每个人带来自己的基石，书写自己的篇章，从而比我们的祖先走得更远。

我的第一个孩子，也就是我女儿的出生，作为我生命当中最大的喜悦，回归到家族历史之中，并以神奇的方式联系在一起。我们并不是独自一人，我们属于一种文化、一段历史，我们继续沿着祖先们所开创的意识前进，我们接受了这些跨代遗产，并对其进行加工改造。

打开视野，属于地球

意识到我们载入跨代历史中能让我们了解到：我们的历史并不是伴随着我们的出生才开始，也不会随着我们的死亡而结束。我们只是生命链条上的一环。如果我们追溯到第一位祖先，他就是人类大家庭的第一位家长。若你将自我定义为世界公民，便能感觉到属于人类，超越了文化和民族，这会带来极大的安全感和自由感。每天，我们都可以培养自己作为人类一员、属于这个星球的意识。

当朱莉买了一杯来源于公平贸易的某个民族的咖啡时，这杯咖啡已经不仅仅是她日常消费的咖啡了。她可以感觉到跟咖啡种植者和那些晒干并包装咖啡豆的人有了某种联系。距离不重要，与买一包普通的咖啡相比，这样获得的自由感要大得多。当我们发现杯子里的咖啡与阳光、悠闲、狂热的音乐节奏、咖啡树种植……相关时，我们会有一种联系和自由的感觉。一些大牌子深谙此道，这些公司围绕着这种意识的发展、这种联系和自由的感觉来做广告。唉，实际上这田园诗般的形象跟现实关系不大。

当归属感不再有边界，我们会感觉到天地宽广，由衷的喜悦连同感激之情也会不期而至。

渴望归属

归属感将我们与我们的家庭、我们所属的社会群体、我们的部落以及人类、宇宙深深地联系在一起。有各式各样的群体存在着。包括自然形成或因历史原因构成的群体，这些群体成员共同生活过、经历了考验。还有一些群体是围绕着某个领袖、某些想法或共同的行为而组成的。我们所有人都属于多个群体。另外，研究表明，加入多个群体比加入唯一的一个群体，至少在自信和自尊方面，更能发挥建设性作用。我们对每个群体的依赖和我们的个人历史有关。如果我们在孩提时得到了关爱，我们对群体的选择会更自由。如果我们被抛弃、不受欢迎，并且在家庭里、原生部落里没有地位，我们就会更极力、更强烈地加入一个行会、一个政党，甚至一个极端集团或团体。群体带有强烈的身份性，也就是说跟其他人明显地区别开，尤其是经常聚会，能够满足成员对归属感的需要，所以它可以很容易地招收到“离群的羊”。

在一部关于暴力的纪录电影中[1]，廉租房社区里的一个年轻人吐露道：“你15岁了。你看看院子里的人，都是成群结队的。你必须让别人接受你。你应该观察、选择、了解到需要怎么做。你开始学着他们说话，开始表现出不任由摆布的姿态，开始变得暴力，因为你必须获得别人的尊重。”电影的结尾很感人，因为大家明白了这个年轻人之所以变成轻罪犯人，只是因为对他来说这是被人接受的唯一途径。一旦另一个群体给他一个位置，他就会放弃暴力。

为了获得一个位置，为了被我们的“部落”所接受，我们时刻准备好了付出任何代价。青少年有时候会从一个群体转到另一个群体，来寻找他们的身份、团体和属于自己的圈子。那些没能被学校里的群体所接受的人会

---

1 *État de violence – Comme une vague*, de Gabriel Gonnet, DVD pédagogique, La Cathode, 2004.

去别的地方寻找，以满足自己的这个基本需要。

地球上有几十亿人，仅仅感觉到属于人类的一员并不能满足我们。在一个太大的群体里面，我们经常会感到孤独，从而会去跟某些人建立联盟。许多暴力问题来源于这个事实：我们的社会强迫个人过集体生活，但不进行任何调节。例如一个班级就是一个人为建立的群体。在这里，孩子们只有年龄和街区是一样的。如果不刻意做出一些事情在彼此之间建立联系，他们必然会分裂成互相对抗的团体。因为这是我们的本性，我们绝对需要感觉到归属于一个群体。而且我们的群体，为了具有辨识度，必须跟其他群体区别开来。在初中、高中是这样，在大学里也一样。在廉租房社区里，年轻人和青少年走得很近，他们当中的大部分人只有一个共同点就是都没钱，所以没有别的地方可去。高楼大厦中缺少人气的一面也经常被特别指出来。人们迫于无奈才并行向前，但是他们之间并没有联系。因为感觉到孤独，他们组成了一些具有归属感的群体，要求人归属于某个民族，加入某个宗教，加入任何能显示出不同的团体。于是群体走向了竞争。恶性循环就这样产生了。

在一起，我们更强大

为了减少暴力，集权制国家的策略就是禁止集会。另外一个方法则是设立一些发言场所，让任何人都可以发表自己的意见并且了解他人的想法。在一个安全又不存在评价的环境里，当每个人都能讲述自己的亲身经历时，听众心里会产生一种天然的共情。联系就这样建立起来了。这是夏尔·罗兹曼[1](Charles Rojzman)所创立的社会治疗的关键。在每次实施这个治疗的时候——不管是在廉租房社区还是在其他的情景下——夏尔一定不会忘记施展他的魔法。社会治疗法允许每个人表述自己的经历、愤怒、苦恼、憧憬，能够

1 Rojzman, Charles ; Rothenbühler, Igor, *La Thérapie sociale*, Chronique sociale.

发展彼此之间的共情并且激发合作的愿望。在这种信任的基础上，共同的计划就会产生。这个计划的原则是大家心甘情愿去遵循的，因为每个人都参与了它的制订过程。

法国人民渴望民主，进行了法国大革命。唉，革新并不是容易的事情。只有美好的想法是不够的，我们需要建立新的体系，能够让每个人都能自我表达并有效地参与到社区生活中去。如果我们之间缺乏联结，一部分人就会起来反抗另一部分人，无论是个人还是团体。当我们借助于集体智慧的时候，我们会更具生产力，而且喜悦也会加倍，我们会找到新的想法并乐于分享。当我们互相交谈、互相碰撞、互相倾听，当每个人对他人产生共情，跟他人建立联系并产生安全感时，共同制订计划、解决问题、进行建设的愿望就会诞生。有很多方法可以激发集体智慧。其中，就包含我在蜂鸟活动[1]中发现的开放式会议，又称开放空间会议技术。开放式会议或开放空间会议技术是由哈里森·欧文(Harrison Owen)于20世纪80年代在美国开发出来的。在哈里森组织完一个顺利

1 这个活动是农学家皮埃尔·哈比（Pierre Rabhi）倡议发起的。https ://www.colibris-lemouvement.org。

召开的大会后，一个朋友私下对他说："哈里森，你知道吗？大会棒极了，但是最好的还是咖啡时间。"欧文从那时起就开始了这个挑战：组织一个只在咖啡时间进行的会议。他的灵感来源于非洲的一个小村庄，在那儿他曾经见证过这种仪式。开放式会议能够讨论复杂的议题，并且在极短的时间之内产生出多种多样的具体措施。这一切依赖于每一个参与者，而不是只有某一个人在思考，或替他人思考。我尤其喜欢"双脚法则"，一方面它让大家在会议中永远不会无聊，另一方面可以保持会议的活力，每个人都要参与其中：或者做出贡献，或者学习东西，或者如果感觉自己在这个议题上已经没有要说明的了，就可以移动双脚到别的小组去"采蜜"。这个法则显示了对我们的身份和个人能力这个纵向轴多加关注是多么有用和重要。这个纵向轴是我们存在的基础，它让我们成为独立的个体，以免淹没在芸芸众生中。

群体的影响

任何的聚会都会产生喜悦。这非常好，但有时却很危险。历史已经无数次地证明了这一点。

“每个人都可以在网上阅读演说词并且在读完之后选举，那么政客们为什么还要开选举大会呢？”我的牙医问了我这个问题，当时我的嘴正被拉钩拉着，张得很大。他惯于向我提一些高深的哲学问题，不过那时我没法动，只能咕咕哝哝地说一些难懂的话来回答他。可能这是他的战术，想分散我的注意力？在此我想尝试着回答一下：是不是因为这些政客当中的大部分人更希望我们不作思考呢？

当我们很多人聚集在一起被引导着共同做某些事情的时候，比如所有人同时鼓掌，在演唱会上高唱同样的歌词，举起胳膊并制造人浪，就会被倾向于认为只要大家一起就都是好的。各种自我强化这种观点的推论在此时都被集中起来了：

• 我感觉很好，因为感觉自己属于一个群体。既然感觉良好，那就说明这些话是对的！

• 领导在台上拿着麦克风讲话。人们在现场为领导鼓掌＝这个人有能力＝这是个好领导。

• 我们有那么多人在倾听并领会这些想法，是因为我们对此也持同意态度，因此我们从中得出结论：这些想法都是好想法。

• 如果这个群体是少数派，人们就会用对比策略：“外面的人那么多，他们都是一些盲目的绵羊，我们这个群体则不同。”这样正好满足了区别于他人、拥有自己身份的这个需要。感觉拥有了自由意志：我属于少数派群体＝我不是从众的“绵羊”＝我有自由意志、批判精神＝我是正确的。

一直以来，领导者就在操纵着群体力量。政治家组织的大型集会能让出席的人感觉到大家在一起群情激奋，感觉到归属，是某个集体中的一员。当许多人认为彼此是同类人时，就会感觉很强大、被保护。融入群体是一件美妙的事情。我们的责任分散了。我们个人自我实现得越少，就越需要群体，需要感觉到属于比自己强大的组织，给我们的存在以意义。这也正是危险所在之处。人们很容易被一些有组织的招聘团体、极端党派、邪教组织所迷惑。仇恨的演讲很有效，因为这样可以让组织成员将他们的不满和无能转变成仇恨发泄出来。对群体的归属感是一种自我强化。我在一个群体里面＝我感觉到喜悦：这就是我的位置＝我在自己的位置上＝我是对的＝群体所说的是对的。

我们感觉到属于一个群体时，会体会到喜悦。但要注意，希望这些不会反过来伤害我们，希望我们不会被迫去赞同最终我们也并不认同的价值。我们是社会性的动物，因此是群体动物。在群体里，我们感觉到安全，并会由此得出我们是正确的这个结论。我们也倾向于从群体动物的角度来处理事情，我们等着看其他人怎么反应，然后再决定自己的行动。让我们记住1951年所罗门·阿什[1](Solomon Ash)进行的实验——它应该进入学校的

---

1 https://www.youtube.com/watch?v=7AyM2PH3_Qk.

课堂。这位社会心理学家提出让一组大学生参与一项视觉测试，对大卡片上竖线条的长度进行对比、评估。实际上，这是一项社会心理学实验，目的是观察在其他人的压力下大学生们会作何反应。

右边的三条线中哪一条的长度跟左边范例中的一样呢？这个问题由七组实验对象轮流回答。一开始，学生们混杂在一开始给出正确答案的同伴中。从第三次实验开始，学生们全体一致给出了同一个错误答案。“天真”这一组实验对象是倒数第二组回答的。一开始，这一组对其他人的答案感到意外，然后他们变得越来越犹豫。几轮之后，36.8%的人最终选择了团体一致坚持的那些错误答案。

实验对象本能地认为团体是对的。他们会和自己的感知做斗争。如果说某些人知道自己是对的，但只是在口头上与团体保持一致，另一些人则是否定了自己的感知并采纳了团体的意见。一旦至少有一个搭档“的答案像他们一样”，他们就会感到获得了支持并且会更坚定地坚持下去。但是团体的一致会让他们丧失警惕性，不再做预防措施。这种顺从社会大流的趋势令人不安。他们当中有将近37%的人准备着否定自己的亲眼所见以屈从于团体的压力。实验是1951年进行的，后来不同的实验室又进行了多次这种实验，结果都是相似的。那时我们本以为政府能出台一项宏伟的教育计划以抵制这种有害于民主的从众心理。教孩子学会说不，让他们敢于有不同的想法、相信自己的感觉、不要随大流，这些好像都是迫切需要的。可惜，半个多世纪过去了，大部分的老师和家长仍然要求服从和循规蹈矩。我们好像很难吸取历史的教训。这种服从、循规蹈矩的精神会导致群体实施大屠杀。单独一个人的时候，人很感性，几乎不会倾向于实施杀害。但当整个群体暴动的时候，其中的个体就极难抵抗住社会的压力。大屠杀的制造者之后会“清醒过来”，但肮脏的双手已经沾满了鲜血。他们确实也不希望这样。他们说当时的确认为其他人只是动物，是需要打败的敌人……很少有人能够保持头脑冷静。更经常的情况是，我们每天在公司里经常被引导着做一些违背自己价值观的事情。有多少次在走廊里我们评论老板的政策，而在会上却缄默不语？我们等待着团队的带头人发言，并只有在大部分人快速地支持他的时候才会去附和他。否则，我们会抛弃他，即使他使用的论据正是我们在咖啡机前闲聊时提供给他的。

我们融入群体，呼吁联合、同步，当我们在家庭中的时候，这种归属感会让我们感觉舒适、惬意，当我们在人群中分享这些情绪的时候，我们的舒适感会爆棚。但是，如果我们的个人意识没有用来弥补这种归属感的缺陷，这种归属感就会捉弄我们，让我们吃亏。

练习

在家里或和朋友一起时，我会提议唱一首歌，一边配合着动作和表情，大家也可以唱首儿歌，用手指做手势。我感觉到同步的动作对我心情的影响。我明白了《鸭子舞》《江南style》或者其他简单重复的歌曲配着容易模仿、充满节奏感的舞蹈动作，为什么会取得巨大的成功。

身份轴

归属感能让我们感觉到安全。在联结中我们能体会到喜悦，这是横向的快乐。但是如果这方面发展得过多，我们就不再能体会到为自己而活，甚至也发现不了是群体令我们丢弃了自己的价值观。

要回答“我是谁”这个问题，我们倾向于用性情、地位、职务、学历、脾气……“我是什么样的一个人：我很害羞／我易怒……”我们所称呼的自我经常就是一个代表、一个形象。我们牢固的身份感，是一种能产生喜悦的自我感觉，它建立在我们的内感受和本体感受、我们的情绪意识和价值意识上，这些都与别人不同。

不同，就是作为人存在着，感觉到自我，区别于他人。存在(exister)，这个词是从古拉丁语“ex(s)istere”派生出来的，意思是：“出来、亮相、表现。”前缀ex-强调外露，sistere即保持站立。当我没有消散在人群中而是站立起来时，我存在。如果说横向轴记载着我们的归属和与其他生命的联系，那么纵向轴则让我们处于运动中，这是演变之轴、个性之轴。我们沿着纵向轴前进，前方就是未来，过去则在我们身后。

生长的冲动

一粒种子，一点儿水，酶开始发挥作用，它唤醒种子，让它发芽。给整个生长过程提供活力的这个能量，有些人将它称为气、生命能量、根……当这个气激发了我们每个细胞的活力时，喜悦就会自然而然地出现。成长是有方向的，从过去到未来，但是这样会不会太宿命论呢？不见得。当我们想要在花园里有一株虞美人时，我们会买虞美人种子。但是种子存在的目的并不是变成虞美人。它存在着，它是一株虞美人的产物，包含了可以生出一株新虞美人的整个信息。种子自我实现，变成了苗，然后长成一株特殊的植物。当我们感觉长大并变成了内心所希望的样子时，当我们实现了自己所追求的计划时，当我们感觉到完成了自己的使命时，我们会体会到喜悦。当我们感觉在路上，在自己的道路上前进时，我们会分泌肾上激素、睾酮、多巴胺……甚至当道路有些陡峭时，我们也有勇气继续前进，喜悦就在此！

“我喜欢骑自行车上坡。”当我们驱车经过一个斜坡的时候，吕克指着这条路喊道。我愣住了！如果我想象着自己骑着自行车上这个坡的话，每蹬一下踏板，都很痛苦。明明是痛苦的事情，他怎么能感觉到愉悦呢？更糟糕的是，他又进一步确认了实际上他也很难骑上这个坡，但是却很享受这种肌肉酸痛的感觉，他知道自己能超越。而这种困难却能击倒我。

玛丽安娜跟我说：“我的工作内容跟大机床有关，我沉浸在这项工作中。我喜欢机床的世界，技术性很强……”啊？在机床旁工作还能感觉到喜悦？

一位税务监察员来检查我公司的账户。当我提起这种检查的时候，我经常能听到周围有这样的评论：“怎么可以从事这项工作呢？这些好事的人偏爱查账，真是不可理喻。”检查结束时，这位监察员女士向我描述她是怎样一步步发现差错的。我听得入迷而且突然明白了：她的乐趣显然不是在别人身上行使权力，而是进行调查，找出错误，发挥她侦探的才华。是的，在一份麻烦又复杂的文件上，她能感觉到自我实现带来的喜悦，感受到心流。

每个人在发挥自己的特殊才能时都会获得喜悦。一些人在数字方面，一些人在力量方面，还有一些人在音乐、舞蹈、绘画、词汇或机床方面……只是单纯地发挥一下我们的才能，再加上我们的全情投入，就会产生喜悦。一个刚刚学走路的孩子会不停地走，如果我们不让他走，他会突然发火。感觉到自己的腿能支撑起来，并能让自己往前走，这使他高兴极了。可以按照自己的节奏自主学习的孩子可以在几个小时里、几天里一直全神贯注地学习汉语、钢琴或板块构造。失败并不能阻止在最终学会走路前跌倒无数次的幼儿，也不能阻止在发现之路上遇到疑难问题、技术难题、看不懂的问题和复杂公式的小孩。

心流

我们都有过这种经历：某一天当我们完全投入某项活动中时，会体会到那种陶醉、掌控、兴奋的感觉，还有无尽的喜悦。米哈里·契克森米哈赖(Mihaly Csikszentmihalyi)将其称为最佳体验或心流。他还通过采访世界各地各种性别、各种年龄的人来进行研究。大家都认为他们生命中最幸福的时候并不是平静舒适的时期，而是与自己做斗争、付出巨大的努力、为了一个目标承受压力、其他一切都不再重要的时刻。在创作、工作、自我超越、运动、舞蹈中……我们都能达到心流状态。它需要能力和联结作为基础。当我们舒服地坐在从购物天堂买的真皮沙发上放松休息时，这种最佳体验不会出现。当我们超越了自己的极限，无论是追求一个在我们眼中极具价值的目标，还是沉浸在一项不带功利目的的活动中（也就是说我们进行这个活动，只是为了它带给我们的深深的满足感，并没有其他目的），它会突然出现。必备的一个条件是我们的意识要有条理并且不分散。专心致志于对一个目标的追求会让一切变得有秩序，因为当我们集中注意力不让自己分心的时候，我们的精力就会集中，不会消散。它集中作用于某一个方向，带我们到达狂喜。

我们梦想着有钱、有漂亮房子、有个模特妻子或富豪老公，但实际上，这些都不能让我们幸福，因为喜悦来源于心流状态，存在于米哈里所强调的努力中，在斯科特·派克(Scott Peck)所说的少有人走的路上。当我们集中精力去完成有些难度的任务，而在此过程中我们的才能也得到了提高的时候，最佳体验和喜悦才会出现，而拥有一切并不会带来喜悦。

我们谈论超越，实际上是指超越我们的现有认知和极限，成长并且变成我们希望成为的样子。我们的身体和心灵一样都是为了超越而存在。健美运动员知道每当他们的练习超越了一点儿身体能承受的极限时，他们的身体就会记住这种感觉，并调整到下次可以适应的状态，这样他们就进步了。一开始看起来不可能的事正在一点点变成可能。我们能变成自己希望的样子，这就叫自我实现。

自我实现

在“自我实现”中，有两个基本的词：自我和实现。自我实现，简单地说就是成为真正的自己。对于一粒向日葵种子来说，自我实现就是变成向日葵。对于一粒南瓜种子来说，就是变成南瓜！每个人的使命就是施展自己的才能。问题是，我们有时候并不知道自己的才能在哪儿。尤其是因为我们的父母和学校总是试图将我们与标准相比，限制我们的差异，让我们能“服从集体纪律，重新回到队伍中去”。

亚伯拉罕 · 马斯洛(Abraham Maslow)，人本主义心理学的创始人，是最早强调自我实现对人类之重要性的心理学家之一。他著名的需求层次理论被广泛地应用于护理人员、教练和心理治疗师的职业培训中，甚至应用在管理类的课程里。金字塔的底座是基本的生理需求，上一层是安全需求，之后是社会和归属需求。马斯洛将尊重需求放在上面，并把自我实现需求放在顶端。这个三角形能够显示出人类首先需要吃饱、喝足、有地方住之后才能关注自我发展。孩子需要感觉到安全后才能进行探索。学生必须感到被接纳并与他人建立了联系后才能开始学习。职员如果被认可并且感觉到属于某个群体，会展示出最好的自己。但是，有时候人们会以稍显刻板的方式来看待这个金字塔：首先需要这个，然后才有那个。实际上，哈里 · 哈洛[1] (Harry Harlow) 的实验显示依恋才是首要的，感觉到与他人建立了联系甚至超过了吃喝成为第一位的需要（因为如果我们没人爱，在人群中没有自己的位置，那么活着有什么意义呢？）。同样地，有时候对我们来说，追求自己的理想比生存要更基本、更重要。一个人为了理想能绝食罢工，为了维护同胞们的权利可以自焚。甘地 (Gandhi)、马丁 · 路德 · 金 (Martin Luther King)、纳尔逊 · 曼德拉 (Nelson Mandela)，还有许多名字没有出现在报纸上的

1 Harlow Harry, https ://youtu. be/_O60TYAIgC4
Blum, Deborah, *Love at Goon Park :Harry Harlow and the Science of Affection*,Perseus Publishing.

人，他们都为理想献出了自己的自由、健康和生命，或者更确切地说为了人类的权利，他们将个人安危置于脑后。对于领导者来说，如果没有人追随他、支持他、围绕着他行动，那他就什么都不是。每个人都需要感觉到在这个世界上完成了某件事情。按照自己的方式根据自己的能力，为人类大厦添砖加瓦，为社会做出贡献，是每个人的基本需求。

我的韵律会是什么？

当我们专心致力于一项事业的时候，当我们按照自己的价值观行动的时候，当我们把切割石块看成是为建造教堂做出贡献的时候，喜悦就会出现。每一步都让我们离理想更近，这就叫“自我实现”。因此我们不知疲倦、活力四射。还记得电影《死亡诗社》(*Le Cercle des poètes disparus*)里的尾声吗？由罗宾·威廉姆斯(Robin Williams)扮演的老师背诵了沃尔特·惠特曼(Walt Whitman)的一首诗：

生命的意义是什么呢？

因为你的存在，

让生命存在，使其合一；

因为富有生命力的戏剧在继续，

因为你可以献上你的韵律。

然后他问周围的年轻人：你们的韵律又是什么呢？献上自己的韵律，是做出贡献，是在对我们有意义的事情上发挥自己的才能。献上韵律，就像沃尔特·惠特曼的描述中那么优美，意味着自由选择，也就是从包装里解放出来，成为自己。回答一下这个基本问题：我是谁？要做出回答，我们不仅需要一点点地摆脱父母的规划，还要摆脱因循守旧和社会的影响。

这是我的成功吗?

一个伟大的歌唱家吸引了越来越多的人来观看她的演出。每次公众喝彩的时候，她都会问自己："我在干什么呢？"尽管赫赫有名、成绩斐然，但她仍然感觉到空虚又孤独。她对自己说这些还不够，应该更进一步，演出的规模还要更大，要卖出更多的唱片……然后，一次治疗使她意识到自己从事这个职业是为了获得小时候缺失的爱和认可。几万、几十万的人来听她唱歌来看她，都不能填补她父母在她小的时候没有听她看她的缺憾。一旦认识到这一点，她就能真正开始专注于唱歌了……为了唱而唱，为了表达自己而唱，为了喜悦而唱。她的嗓音变了。从此以后，公众的每次鼓掌、台上的每一秒钟都让她满心欢喜。

拥有目的、目标，并将其实现，就能够体会到喜悦。但是我们都认识一些人，他们做成了许多事情，积攒了无数的成功，但是并没有因此感觉到幸福。当我们隐藏的目的被识破，当我们做一件事情是为了取悦他人、为了得到爱、为了不被抛弃，或是因为大家告诉我们必须这样做，又或为了达到完美……当我们所做的一切都是为了得到父母的爱和重视，那么追逐学历、经济富足和成功只会导致内心的空虚。我们所追求的目标是其他人决定的，是按照他们的标准制定的。这就是所谓的外部参考。因为这些标准是他们的，不是我们的，所以我们没有成就感。每次目标的达成都会让我们远离自己。尤其因为大部分的时间，我们的父母不会多看我们一眼，我们总是需要做得更多来获得些许赞赏。可惜那时我们并不知道，他们不看我们并不意味着我们不够好，没让他们满意，而是因为他们自己的童年也如此！

相反，跟随自己内心的冲动，捍卫自己的价值，在内心的指引下去行动，能让我们感觉到自我并获得自我实现。功能医学成像清晰地显示出了两者的不同：在同一个活动中，根据内心的指引或外部参考的不同，大脑活跃的也不是同一个区域！如果是内心的指引，大脑前额叶就会兴奋，因为这里才是自由意志区！

练习

生活中，我将大量的精力投入

工作中、房子中、自我实现中……

这确实是我自己的选择？

或者我只是在极力地向某个人证明自己的价值？

我内心的冲动是什么？

我是谁？

少有人走的路

斯科特·派克(Scott Peck)在他的畅销书《少有人走的路》(*Le Chemin le moins fréquenté*)开篇就提到了：

人生苦难重重。蒙住脸被动地期待着更好的明天不会将我们带向幸福。伊利奥斯·柯苏[1](Ilios Kotsou)在《在喧闹的世界里清醒地活》(*Éloge de la lucidité*)这部著作里，也表达了同样的观点。积极的心理并不是一种理想化，也不是爱心熊的世界。与等待着事情自己解决或被动地梦想着美好的明天相比，睁开眼睛并且拥抱现实会收获更多的喜悦。

一些实验人员决定对他们实验室里的八只恒河猴进

---

1 Kotsou, Ilios, *Éloge de la lucidité : Se libérer des illusions qui empêchent d'être heureux*, Robert Laffont出版社，2014，荣获2015年法国FNAC心理学图书大奖。

行一场实验。六个月里，他们将食物放到笼子里的合成草坪上。猴子们必须扒拉青草并在草里仔细寻找才能找到吃的。结果呢？用在寻找食物上的时间越多，因囚禁所造成的反常行为就越少。[1]有时候，孩子们也有着和关在笼子里的动物一样的反应。不要给他们“设置限制”并且拧紧笼子的铁丝，同时给他们“煮好”的一切，我们可以重新给他们活动的自由。现在的孩子既不会去寻找食物，也不认为有准备的必要，因为现在的食品通常都已经加工好了。更糟糕的是，他们的玩具都是成品，不需要自己制作，不需要想象……都是一些无须付出劳动、付出努力的玩具。我们好像忘记了：最重要的不是去拥有，而且去做。

阿梅莉是一个大公司的领导者，她付出了许多艰辛才到达了现在的位置。她喜欢帮助别人，她想帮助她的老乡——22岁的年轻姑娘阿涅丝。阿梅莉把阿涅丝招进自己的公司并给她提供了一个好职位，付给她对她这个

1 Bayne, K. ; Dexter, S. ; Mainzer H. ; McCully, C. ; Campbell, G. ; Yamada, F., « The use of Artificial Turf as a Foraging Substrate of Individually Housed Rhesus, Monkeys (MACACA MULATA)», *Animal Welfare*, vol. 1, n° 1, février 1992, pp. 39-54 (16).

年龄而言相当高额的薪水。因为这个年轻姑娘刚从村里出来，所以阿梅莉提前给她准备了住处，找了个带家具的小两居室。几个月之后，阿涅丝爱上了公司的一个职员。阿梅莉又给了她一笔丰厚的奖金让她结婚用。总之，年轻的阿涅丝可以说是心满意足。她甚至还没有机会去渴望，就已经拥有了，全然不需要付出努力。简直像做梦一样！这一切真的这么完美吗？

有一天，阿涅丝当着恩人的面，直接把自己所有的不满都发泄出来了，并且摔门离开。阿梅莉在办公室里哀叹："我为她做了一切，她什么都有了！我不求回报，但是不管怎样，她也应该表现出哪怕是一点点的感激之情吧？"

这种抱怨经常出现："我给他了一切，他就是这么感谢我的。"或者："她邀请我的时候，我总会带点东西，让她不需要再准备。现在她竟然躲着我！"布景已经搭起来了，一边是慷慨大方的人，另一边是忘恩负义的人！这种意外事件之所以常见，是因为它遵循了人类无意识里的一些潜在规则。一方面，慷慨大方的人并不要别人的回报，因此他就没有遵循相互性原则；另一方面，他剥夺了受恩之人的自由。因为，确实如此，接受的人就是“受恩之人”。阿涅丝摔门离开是因为她受不了了。她过上了舒适的日子，一切对她来说都轻松易得，她拥有“获得幸福的一切条件”，但是她并不幸福。她只是感觉不好，但确实不知道怎么用语言表达，所以将这种复杂的情绪发泄到了她的赠予人身上。这位赠予人阿梅莉曾经给予了她那么多，所以已经变成了她的一个很重要的依恋对象。

六个月之后，阿涅丝瘫倒在沙发上：“喔唷！ 我累坏了……但很幸福！ ”经过六个月的寻找，跑遍了各大银行，解决了种种困难之后，终于签订了房屋租约。这是属于她的房子，历经了那么多天的寻找，才好不容易找到。阿涅丝心满意足时，却不幸福；现在精疲力竭，却很幸福……注意，我并不是说为了幸福就应该失业，独自一人，没钱没房。如果说只是有钱不会获得幸福，那么没有钱也不会幸福，这是毋庸置疑的(之后我们也会探讨金钱如何影响生活品位)。心满意足和精疲力竭的区别在哪儿呢？在于自我，感觉到能做自己，能掌握自己的生活，有足够的自由并能自我实现。

并不是拥有很多东西就意味着幸福。幸福一方面源于我们努力付出，一方面源于我们可以自由选择。一个漂亮的房子能让我们开心，但是只有在我们努力工作赚钱买下它，而且是我们自己选择了这个房子的情况下，它才能带给我们喜悦。洛多威克在这方面有个苦涩的经历。他渴望讨妻子的欢心，给她幸福。妻子表达过想去南方定居的愿望。所以他先去南方考察了一番，一周之后回来时感到非常得意，因为他终于觅到了“珍宝”！妻子到时肯定会很开心。因为知道妻子在巴黎还有许多工作要做，洛多威克想让她远离买房的各种无谓烦恼，所以他签了购房意向书。三个月后，在一个充满温情的周末，他带妻子来到了这里。下火车的时候，他蒙上她的眼睛，一直带她到房子面前才解开纱巾。他对自己的礼物极其满意。但一年之后，妻子离开了。在这个不是她自己选择的房子里，她不能真正地待下去，她也不能原谅丈夫买这所房子的时候没告诉她。她既没有选择的自由，也没有想象的时间，更没有为买这所房子而辛苦流汗。相反，在房子的维护上她倒是付出了很多辛劳。她承受着维护这份产业的辛劳，却没有享受到之前签约的喜悦。

因为，与广为流传的观念相反，实际上，从总体看来房主不如房客过得幸福。尤其是因为房主将大部分的时间花在维护他们的住宅上，与朋友和邻居聚会的时间就少了许多[1]。同时也因为一旦获得的喜悦过去后，房主就会习惯于自己的拥有。成为房主不再值得兴奋，甚至成了苦恼的来源。他从中再也不能获得那么多的快乐了。这就是索尼娅·柳博米尔斯基(Sonja Lyubomisrsky)[2]所说的享乐主义习惯。我们买的东西只会给我们带来一时的欢愉。一段时间之后，我们就习惯了拥有它们，它们成了我们的日常用品，再也不能令我们激动了。

磨炼自己的意志，提高耐挫折能力以获得长远利益，对发生在我们身上的事情负起责任，这不是一条简单的道路，却是自我实现之路。这条道路不总令人愉快也不那么舒适，但却是我们真正的喜悦之路。因为当我们达成了目标的时候，喜悦并不止出现一次，它会是我们旅途上的伴侣，并一路支持着我们。当我们感觉到向着实现自我价值或者发挥自己才能的方向前进的时候，当我

---

1 Lyubomisrsky Sonja, *Qu'est-ce qui nous rend vraiment heureux*, Les Arènes, p. 185.

2 同上。

们是自己的主人，感觉到自己命运的方向盘握在自己手中的时候，我们会体会到喜悦。

我四岁的儿子悄悄给了我一块别人送他的糖："你把它放在壁橱里，到糖果日的时候我再吃。"我被征服了。一个四岁的小男孩竟然让我把糖果放起来而不是立即吃掉！我甚至看了看他的脸，他很骄傲，眼睛闪闪发光。自制力让他喜悦！对我来说这又是一个证据，可以证明在没有禁止的情况下，孩子们也会遵守规则。一项禁止意味着一个没有自由的限制。规则同样是某种形式的限制，但是就像游戏规则一样，它负责组织和许可而不是去限制。因此，规则是发挥自己能力的源泉，从而也成为自我实现从而获得喜悦的源泉。孩子们喜欢规则，他们会认真地遵循这些规则！为了管理孩子们吃糖，我一直在限制和自由之间寻找一个折中的办法。当我听说在某些斯堪的纳维亚国家盛行"糖果日"的时候，我和孩子们一起选择了这个规则："周六才可以吃糖。当我们在其他时间收到糖果时，要留到周六才能吃。"有时候，如果学校里有庆祝会或孩子们被邀请参加生日宴会，我们也会改变吃糖的时间。可能大家会担心在周六的时候孩子们会狂吃糖，但是我从来没有看到他们吃得过多。他们有时候只吃一两块。只是在这一天每个人都有权利吃在其他日子里可能得到的糖果，无论是在学校里、伙伴家里获得的还是邻居给的……我并不是说其他时候他们没有将一两块糖偷偷地塞进嘴里，但是在学习的道路上，任何人都不可能不犯错。能够耐住挫折，让现在服务于未来是生活当中特别有用的一项能力。举世闻名的棉花糖实验是沃尔特·米歇尔(Walter Mischel)于20世纪60年代在斯坦福大学进行的。实验人员给一个孩子两个选择：他可以现在就吃一块棉花糖，或者等待一会儿，可以得到两块棉花糖。但是要获得两块，孩子必须独自一人等到实验人员回来，而装着糖果的盘子就在他面前。如果他等得不耐烦了，可以摇铃，但是他会失去第二块糖。很显然，大部分孩子都想要两块糖，但是一旦抵挡不住诱惑，奖励就没了，并不是所有人都能推迟享受！三岁以下的孩子，没有一个人成功，至少没有自发地完成这个考验。某些孩子动摇了，然后沮丧地看着自己的手，因为他已经用手抓起了那块棉花糖并送到嘴里了，这个过程甚至没有经过大脑的思考！而五岁的孩子里有三分之一的人可以抵抗住诱惑。20年之后，抵抗住诱惑的人比其他人更加成功——无论是在坚持计划还是实现目标方面——他们还会进行长期的学习，吸食更少的烈性毒品，体重也更低。这个案例具有重要意义：要怎么教孩子承受挫折呢？米歇尔试图了解是什么让孩子们成功地推迟了满足。他指出，如果给孩子提供一些主意和方法，例如想象着棉花糖只是一个棉花球或者它是一幅装在相框里的画，再或者脑袋里想着其他愉快的事情，孩子们就会使用这些方法，并耐心地等待，他们甚至可以等上18分钟，最后成功地等到第二块棉花糖。然而如果没有策略，一分钟之后他们就受不了了。孩子们没有遵循大人强加的规则，很少是因为他们缺乏坚强的意志力。尽管奉行专制教育的人不乐意接受这个事实——但实验表明孩子们都在力求做好，尽力表现以令父母满意。但是经常的情况是，父母的表达方式不允许孩子正确地表现出应该做什么，尤其是因为他们接受了禁止，知道哪些不能做，但是仍然不知道应该做什么。他们收到了命令，但并不一定具备了服从这些命令的必要能力。许多父母只是下命令说：“安静！”但是并没有教给孩子任何方法让他可以在身体里重建平静。有些孩子自己找到了方法，但大部分人只是待那儿不动。米歇尔指出，哪怕孩子再小，只要我们提供正确的方法，他也能成功地控制住自己的冲动。教育孩子，不是禁止、控制他们，而是给他们提供方法，使他们能成功地完成我们定的目标！成功会令他们幸福。我们可以从他们眼中看到骄傲而不是顺从。有一种观点认为，如果不给孩子设置限制，他们就会成为“小皇帝”，什么都想要还得立即获得。而这个实验，在不同的情景下，在几千个孩子身上严格地进行过测试，恰恰推翻了这个观点。奇怪的是，许多热诚支持回归专制教育的人（在他们看来，专制教育已经不存在了），用棉花糖实验当论据：“看看孩子能抗挫折有多么重要啊，所以父母应该给他们制造挫折。”他们显然没有读完全部的研究。现在可以了，这个实验的法语版[1]已于2015年面世。当然了，我们会遇到一些孩子，他们什么都想要，立即就要……实验表明许多孩子不用一分钟就吞下了这个棉花糖。为什么他们抵挡不住诱惑呢？人的能力取决于脑

1 Mischel, Walter, *Le Test du marshmallow. Quels sont les ressorts de la volonté*, Lattès, 2015.

前额叶，三岁之前的孩子的这个区域发育不完善，此外专制型父母教育下的孩子在这个区域的发展也相对缓慢。对于在不稳定环境下成长的孩子，他们还没有学着去控制自己冲动的性格、调整压力或引导自己的注意力，大脑的这一区域也欠发展。依恋的质量可以预测测试是否成功。孩子们对父母的依恋越多，他们就有越多的机会带着两粒棉花糖回家。如果父母属于控制型或干涉型，不曾给孩子自由，那么孩子的自制力会很差，因此会更快被糖果打败。

沃尔特·米歇尔在他的书里描述了成功获得两块棉花糖的孩子所表现出的喜悦[1]，这些成功克制了自己并感觉到掌握了自己命运的孩子，眼睛里闪烁出成功。他们如此自豪，以至于某些孩子将以极大代价获得的糖果塞进嘴里大口地吃，另外一些孩子却在吃之前会先给父母展示一下。抵抗住诱惑比糖果本身更令人满足。

努力去做吧，只要是自己主动的选择，幸福一定会来敲门！

---

1 Mischel, Walter, *Le Test du marshmallow*. p. 27, p. 145.

工作是健康[1]

“你最近好吗？”

“像星期一一样……”

言外之意不言而喻。每个人都应该听到过这个说法：工作不如休息好。许多人相信这一点并声称与工作相比，消遣时会获得更多的喜悦。实际上，稍微深入一点的调查研究显示，我们在工作中比在消遣中会经历更多的心流体验。这就是心理学家米哈里·契克森米哈赖(Mihaly Csikszentmihalyi)和朱迪丝·勒费夫尔(Judith LeFevre)得出的结论。塔哈·本－沙哈尔(Tahar Ben-Shahar)特别指出，对工作的成见从亚当夏娃开始就跟随着我们。这两

1 *Utiliser le stress pour réussir sa vie*, Dervy, 2015.

个人咬了苹果并且被赶出了伊甸园，从此要去工作。在我们的集体意识中，悠闲的生活等于天堂。克里斯托夫·安德烈[1] (Christophe André) 重述了这个令人痛苦的诅咒，他强调指出，几个世纪以来，工作几乎成了社会地位低下的标记。统治阶级不工作。机床的出现大大降低了工作的繁重程度，科技和机器人技术的进步将继续解放人类。不要害怕机器人会让人丢了工作，我们可以这样说，它们会促使人类转向更有创造性、更有趣、更能激励人的岗位。对于40%的人来说，工作必须能带给人成功做成某事的感觉；对于48%的人来说，工作必须能让人学到新的东西。[2]

在一个面包店，我很惊讶地看到两份并排摆放的面包价格差距非常大。第一个属于工业化加工的面包，第二个是“家庭手工”面包，因其手工制作而定价更贵。这个店将低质量的面包摆在手工精心制作的长棍面包旁来卖，令我感到惊奇。我将疑问提了出来，而面包师显

1 *Cerveau&psycho*, n° 71, sept-oct 2015, p. 46.

2 *Cerveau&psycho* 所引用的调查结果，n° 71, sept-oct 2015, p. 48.

然已经看透了一切，他回答说，人们根本不在乎面包好不好吃。他继续说："在面包师这个职业被看重的时期，许多人想成为面包师。然而，早上三点起床做面包毕竟很辛苦。现在，当人们犹豫着要不要多付15分（0.15欧元）来买包含更多辛劳的长棍面包时，面包师的职业变得越来越低端了。"然而，经济理由是站不住脚的，工业加工面包确实便宜一些，但是面包师肯定地对我说，只要过四个小时这种面包就变干了。而他将大量时间花在揉面上所制作出来的面包可以至少放两天，吃起来还依然可口。幸运的是，在这个行业，涌现了一些杰出的面包师，大大提升了这个职业的地位。一些工程师、企业领导离开原有的职位去做了面包师。在困难面前，人们是不会退缩的。

当然了，工作和工作是有区别的。如果工作是强迫性的，它就失去了自我实现这一面。如果工作是自由的，它就成了快乐的源泉。可能我们工作的方式不同，但金钱都歪曲了我们的价值观。一位经济学家曾指出，越是对社会有用的职业，所获得的报酬就越低。婴幼儿看护、学校老师、护工、殡仪人员、清洁工……没有他们，我们怎么办？相反，社会完全可以去掉证券交易人、赌场主、毒品贩子、广告商，而这些都是最赚钱的职业。然而，这种现象也算正常，因为他们的工作是为金钱服务，不是为人服务。但是对于我们所有人的未来来说，这种价值观的翻转是很危险的。

为什么金钱一直是一种奖赏呢？它只是一种支付方式、一种流通方式、一种燃料。被定义成奖赏，它就成了统治工具；被看作是一种燃料，它就成了促进变化的发动机。于是基本收入计划出现了。这个计划是什么？即每个人出生后每个月都会无条件领取到一笔能够满足基本生活条件的金钱，不论穷人还是富人，每个人领取的数目是一样的。有些人可能认为给富人钱是不公平的，但是如果不给所有人钱，这就又成了有条件的收入。无条件才是它的优势所在。如果有条件地发放收入，就意味着如果我们挣得更多，就会失去这部分无条件得来的钱，也丧失了动力！我们就又看到了与就业互助补助一样的缺点。

这样每个人就从被迫工作中解放出来了，也能按自己的心愿去工作了！要真正自由地选择工作，并且在自己选择的工作中充分发展。一些人害怕基本收入计划会让人们失去工作的意愿。这种担心是多余的。一方面，基本收入[1]仅仅能保障基本生活，每个人都希望赚得更多；另一方面，人类天生就有自我实现的需求，渴望付诸努力或与其他人一起努力。调查时，一大部分人说会继续自己的工作，什么也不会改变，即使工作已经不需要满足自己的经济需求。他们只是更自由地工作，因此工作时也会更快乐。从事一项能让我们实现自我、发挥潜力的工作，即使工作艰难，也不会令我们负重难忍。

相反，通过无条件收入这个体制，恐惧和羞耻这两种奴役人类的情绪，会明显地得到缓解。不再有人因为害怕重新陷入贫困流落街头而被迫去工作，也不再有人为了不被饿死而接受一份不喜欢的工作或接受羞辱人的工作条件。最终，现代奴隶制也就是我们的雇佣制迎来了它的终结。无论如何，人类工作已经接近了尾声。下岗日益增多，失业率不断上升。让我们睁大眼睛仔细看看，机器人在各种乏味的岗位上已经卓有成效地代替了我们。另外，会出现大量没有人做的工作——主要集中

1 要了解更多的信息，可以查看：http://revenudebase.info。

在低收入领域，比如给人提供服务的工作。一些新的职业会发展起来，人们就可以投入那些能更加滋养他们的心灵而不是钱包的活动中去。创造、发明、制订计划、挑战自我……人类并不缺乏思想。人类之所以能散布在地球各处，甚至去到最干旱的地区，正是因为我们在逆境面前毫不退缩，而且探索新的领域正是我们人类的基因特质。

保障基本收入，走完自选之路！这就是这场革命支持者的格言。虽然这种想法颠覆了我们那么多的思维习惯，以至于大部分人感到惊讶、怀疑，但它让每个人根据自己的所长为社会做出贡献，终于成为一个可以实现的梦想。无论如何，一些并不一定是左派的著名经济学家，也对这个问题感兴趣。[1]“这样的社会是有可能的！”当我第一次观看《基本收入是文化动力》[2]（*Le Revenu de base,une impulsion culturelle*）这部电影的时候，热泪盈眶。我真的是喜极而泣，因为梦想着一个更美好的世界，尤其是当我们发现这个梦想可以成为现实，而且也没那么遥远时[3]，我们会感觉到满心喜悦！

---

1 www.inconditionnel.info.

2 由丹尼尔·哈尼（Daniel Häni）和英诺·施密特（Enno Schmidt）联合导演。电影于2008年在德国出品，之后字幕被翻译成十多种语言。为了便于传播，全法语的版本也出现了，可在*licencecreative commons*上观看。

3 我写这本书的时候，芬兰准备在2017年进行这方面的试验。法国的许多政治培训也将其列入他们的培训计划中。西班牙新兴政党“我们能党”（Podemos）也支持这项计划。

一美元不是一美元[1]

一些人证实说金钱没有气味，而且一美元就是一美元，一欧元就是一欧元。但是大量的社会心理学调查和实验显示，情况恰恰相反。事实上，金钱是非常情感化的。有一类新型的经济学家，即行为经济学家，他们研究人的金钱心理[2]，分析面对金钱时人类的行为。他们着重指出，根据金钱来源的不同，我们花钱的方式也不同。钱包里的钱和孩子存折上闲置的钱是不一样的，这是常识。前者是准备快速花掉的。如果将储蓄用于购买快速消费品，大家都会觉得难以接

1 Emotional Accounting : How Feelings About Money Influence Consumer Choice, https :// www.youtube.com/watch?v=P2aMrBZi0xc.

2 http://www.spring.org.uk/2008/03/whistlestop- tour- of- research- on.php.

受。遗产倾向于被花费在“庄重严肃的”、合乎道德的物品上，除非我们不怎么欣赏留给我们这笔钱的人，或者我们和他有矛盾，这种情况下钱会被很快地浪费掉。中了彩票、赌中赛马前三名且独赢，或者在电视游戏中获胜，看起来好像令人羡慕，但是赢家会感觉这不是自己应得的，所以会很快地花掉这笔钱。

所有的研究始终表明，一旦我们的基本需求得到满足之后，剩余钱财只有用于分享才能发挥好的作用并产生喜悦。通过给予，我们会有更强的自尊，而资助公益项目或为他人谋福利，会强化我们在世界上拥有一个位置的感觉。研究者迪纳(Diener)和藤田(Fujita)[1]指出，对于个人来说金钱只有用在实现一个重要的目标上时，才能带来幸福。喜悦显然并不取决于被动地去经历令人羡慕的体验，而是源于参与到在我们看来有价值的活动中[2]。

在商店里，当孩子第一次被授权代替父母付账的时

1 Diener E ; Fujita F, « Resources, Personal Strivings, and Subjective Well-Being : A Nomothetic and Idiographic Approach », *Journal of Personality andSocial Psychology*, 1995 May ; 68(5): 926-35.

2 Diener et Larsen, 1993.

候，他会体会到喜悦。喜悦并不是真的与金钱有关，而是因为他获得了这个新的权利。同样地，第一笔零花钱会带来喜悦。但是喜悦很快就消失了。父母明白，零花钱变成了一种义务，还必须越给越多。我们的大孩子会高喊："爸爸妈妈，我赚了1000欧！这是我赚的第一笔钱啊！"几乎所有人都记得自己的第一笔工资。同样地，金钱本身并没有意义，是进入成人世界和我们在那儿获得的权利让我们喜悦。

这就像一道道需要跨过的门。每次跨越都会带来喜悦，但是跨过去，这一步才算完成。喜悦并不是撤退到安全地带，它是努力和冒险！

我去哪儿？

我们当中的大多数人将更多的时间用在筹划即将到来的度假上，而不去思考生活目标。只有面临失败、决裂时，我们才会思考存在的意义这个问题。当我们将自己的目标设定在某件明确、具体的事情上时，比如盖个房子、组建家庭、养育孩子，在我们停下的那一天，因为房子盖完了，夫妻互相厌倦离婚了，孩子长大了去过自己的生活了，我们会消沉下去。“我的生活没有了目标，没有了意义。”内在的目标就没有这些缺陷。它可以长久地支撑我们，因为我们从来没有真正地实现过。

经营爱、打开心房、捍卫人类的权利……我们每个人都有理想形象，就是变成自己希望的样子，虽然我们没有意识到。有时候，这种我们无意识中给自己设定的形象限制了我们，强迫我们屈服，让我们一直做得更好。亨利没日没夜地工作，他说自己必须好好赚钱养活全家人。他从来就放不下工作，晚上和周末还将工作带回家，只有给房子做一些有用的修修补补的零活时，才会停下来。他连一分钟的时间都没能给他爱的人。亨利无意识中被这样一个理想形象所指引：最终赢得父亲的爱，得到他的认可。而当时他只有在父亲身边干活的时候，父亲才会给他些许关注。一旦小亨利开始玩或只是蹲下看一根草时，父亲的眼光就忧郁了起来。他不知道爸爸忧郁的眼光并不是斥责而是羡慕。看到他开心地惊叹，父亲感觉到了一丝怀念，一种伤感，提醒自己已经变成了生活的奴隶，而这种生活并不是自己选择的。唉，父亲不会说出来，他不敢说。他已经有了房子、妻子、岳母这些羁绊，尤其是因为，我们很清楚但他自己不知道，他顺从了父母，父母吃了那么多苦，他不能不听从他们而给他们增添痛苦。因此，他待在并不属于他的这种生活中。他专心工作避免想得太多。当儿子在身边帮他的时候，他很幸福。他感到了他们之间的默契。他教给儿子木工活、数数、叠纸箱。亨利也察觉到此时他们关系的融洽。当亨利与父亲工作的时候，大脑会释放催产素。当他“什么也不干”时，父亲的目光会激发他的压力荷尔蒙。我们每个人都力求幸福、获得爱。亨利孩提时的经历告诉他，通往幸福和爱的道路就是工作。这个理想形象引领了他的生活，却让他在变成父亲后，远离了自己的孩子。

从亨利的经历看来，每个人都会在无意识中树立一个理想形象，来设计自己的生活剧情。当我们还是孩子时，理解不了这些情况。现在我们成了成年人，就可以换个角度看待这些事情。当亨利意识到父亲的目光里充满羡慕而不是指责时，他的内心世界突然改变了。从此以后，他从这种目光中读出的是自己可以和父亲不一样，而且并不会因此失去父亲的爱。

有意识地追随一个理想形象会让我们重拾自由。然后，我们明白理想形象并不是固定不变的，它只是一个方向。要怎么知道自己的理想形象呢？我们欣赏一些知名人士，是因为他们的行为，尤其是因为他们的行为所表现出来的价值。他们的价值同样能激励我们，否则，我们不会被这些人所触动。一旦找到了自己的价值，就要敢于去将这些价值应用到具体行动中。当然了，我们并不是皮埃尔神父(l'abbé Pierre)、西蒙娜·韦依(Simone Veil)、尼古拉·于洛(Nicolas Hulot)、索菲娅·阿拉姆(Sophia Aram)或马丁·路德·金(Martin Luther King)。但是我们当中的每个人都具有自己所代表的价值。而且，如果没有罗莎·帕克斯(Rosa Parks)坐在那辆公交车上，而司机又命令她站起来去到专为黑人设立的区域，怎么会有马丁·路德·金呢？如果在食盐进军中，没有几千个印度人的追随，又怎么会有甘地呢？

我们的理想形象是我们自己在未来的投射，代表了我们所选择的价值，比如我们想成为什么样的人。它摆脱了当前传统男人或女人形象的限制。一旦我们意识到这种理想形象的存在，它就可以支撑我们度过困难时期，引导我们在生活中进行选择，同时能增强我们的自尊心。它让我们与世界连通起来，带给我们安全感，保证了过去和未来的协调一致，我们的现在才充满意义。

练习

我思考着：

自由，是指可以抽烟还是可以不抽烟？

人类的独特：自由意志

我们大脑中有一块区域是其他任何灵长类动物都不具备的：前额皮质侧额极。牛津大学的科学家发现了这个区域并探查了它的功能：它让我们可以评估自己行动的意义，向我们指出这些行为的后果；它让我们制订假期计划、职业规划，还可以让我们提前安排好要达成一个目标需要完成的一系列的任务。当我们做出多任务决定时，这个区域就活跃起来，它能够让我们预测、分析。我们有能力不受直接环境的影响，而是根据我们自己的价值、愿望、野心来指导自己的行为。这是我们内心小小声音的所在地，这个声音在内心深处和我们说话，评论我们的生活。这是我们的精神意识，是我们内心的杰明尼蟋蟀(Jiminy Cricket)。它给予我们人类自由意志。这种自由让我们成为自己希望成为的那样，带给我们喜悦，因为这属于人类的本质：首先寻求掌控自己的身体、反应和行为的能力，然后获得掌控自己环境的能力。

自由地活着并不是指当我们想干什么时就去干什么，即随便行事，而是向着自己选择的方向前进。我们的理想形象指引着我们日常的行动，能照亮最普通的工作。任何工作都可能是简单的活动或只是计划的一部分。如果我们有意建造一座教堂，那么精确地切割一块石头好像也就显得没那么没用和费力了。在生活中，我们并不是总能拿出时间来思考我们行动的意义和价值。但是事实是我们切割的每块石头，我们铲来并将其混合到水里的每一粒沙子，我们挤压的每份砂浆，都是为了建造某样东西。我的教堂顶部是什么样的呢？最好设计一张图纸，避免将墙建在不合适的地方。选择很可能会难住我们。如果我没有花时间慢慢成为自己生活的建筑师，仅是任凭父母和我的历史替我做决定，结果很可能会重蹈覆辙，并且会封闭在家庭过去的格式塔[1] (Gestalt) 里。我们可以自己勾画自己的未来，这也会带给我们自由的感觉，让我们不依赖一个人或另一个人所谓的美好意愿。如果我们知道要去向哪里，自由意志就会增强。我们的目标会引导我们的行动并且帮助我们做决定。我们做出的每一个决定，即使让我们离目标只是近了一小步，也会带给我们喜悦。当我们设计自己的生命图纸时，过去未解决的格式塔（过去的影响）仍然会出现，但是我们的自由意志可以帮助我们摆脱它的影响，可以让我们有意识地自由地去行动。在生命图纸上，画着短期、中期和长期目标。我们的理想形象推动着这一切。

实现自我的价值给我们的生命以方向。自我实现，就是感觉到在这个方向上前进。为了实现这一切，只有一个长期目标是不够的。我们需要楼梯平台、台阶来爬上这个楼梯，不必气喘吁吁。我们的长期目标构成了我们的生命方向——比如在第八层[2]，才是我们价值体现的

---

1 格式塔：模式、形状、形式。当事情未完成，当伤口未愈合，当答案未给出时，格式塔会保持打开的状态。格式塔系德文“Gestalt”的音译，是心理学中的一个理论。此处格式塔就是家庭延续下来的世界观、人生观、价值观等观念以及一些行为准则。——译者注

2 法国的房子通常最高只有八层，故其意指顶层。——译者注

地方。为了不丧失动力，知道自己的中期目标可以让我们穿过这些楼梯平台，我们知道每抵达一层就距离顶点越近。我们可以庆祝、积累所得、在平台上休息，然后再攻克接下来的台阶。这些台阶就像一个个短期目标一样，我们经常能成功完成。每一天都要有意识地朝着目标的实现前进。我们不需要到达第八层才体会到喜悦。喜悦就在路上，存在于我们爬每个台阶时所付出的努力中，因为我们知道自己要去哪里。

为了有机会实现一个目标，这个目标必须具备以下条件：

- 可以达成。
- 可正面表达。
- 可测量。
- 受我掌控。
- 在感官方面有所体现。
- 具有生态性。

作为父母，在陪伴孩子成长的过程中，我们也可以使用这种表格。当我们的孩子没有成功完成这件或那件事情时，我们有时会很恼火。但用这些条件来限制目标，可以帮助我们知道事情不顺的症结所在。

可以达成

达不成自己目标的一个好方法就是选择一个不切实际的目标，这个目标在我们的能力范围之外或不可能实现。有时候，我们的欲望太过头了或者超出了可能实现的范围。我们梦想着，但是并没有真正打算去实现。当一个目标在我们看来几乎实现不了时，我们就会失去为之努力的动力。

孩子需要相信可以达成这个目标才能开始专注地去做。当老师反复跟他说他很差劲，永远干不成任何事情时，让他为一个目标去努力会更难！

不妨问自己这样几个问题：

- 这个目标现实吗？
- 在我现在的能力范围之内吗？
- 要实现它我需要具备哪些能力？
- 能不能有一个更容易实现的中间目标，可以作为一个台阶通到后面更宏大的目标呢？

可正面表达

目标让我们专注，给我们以方向。当出租车司机问你想去哪儿的时候，如果你回答“不去协和广场，也不去巴比伦街”，他就不知道朝哪儿开了。停止做这个做那个，并不是一个目标，因为无论是身体还是头脑都不知道去哪儿也不知道怎么办。如果我们给大脑一个清晰的地址，它就可以更容易地将我们带到那儿。当父母因为孩子不遵守规则而失望时，如果他们能意识到是因为他们提出的都是禁止之事，而不是给出明确的指令，那么他们就会收获很多。只是简单地调整一下语言就能改变家庭生活。

问自己这样几个问题：

- 我想要什么？
- 我想用什么代替？
- 我想要什么特别的东西？

可测量

如果我们的目标不可测量，我们就永远不能知道自己是不是已经达成了这个目标。我们可以选择一些检验标准，能够测量是否实现了目标。

问自己这样一个问题：

- 我怎么才能知道自己已经达成了目标呢?

受我掌控

我们经常失败，是因为要实现我们给自己选的外部目标，最终并不取决于我们自己。数学平均分达到18分或物理作业得15分，并不受学生的掌控，而是老师控制的!这就是为什么老师哀叹“给你作业打0分我也很难受”，而托托[1]回嘴说“那为什么您还给我0分呢”是恰当的。

问自己这样几个问题：

- 我的目标受我掌控吗?
- 出现问题只是我一个人的责任吗?
- 我应该对哪部分负责，我能掌控哪些方面?
- 我如何重新制订目标?

在感官方面有所体现

我们的目标经常是一些外在的表现。但是当我们感觉到内心成长的时候，喜悦才会发展。我们可以为一个

1 Toto，儿童绘本人物。——译者注

外在的成功、一个学历、一枚奖牌而自豪，然而让我们体会到已经达成了目标却是内心的一种感觉。对大脑来说，一个清晰的目标是指我们可以为这个目标确立一个内在的表现，也就是说这个目标需要在感觉、行为、思想和情感等方面有所体现。

问自己这样几个问题：

- 我会观察到什么？看到、听到什么不一样的？
- 其他人会看到什么？
- 我会感受到什么？（感觉）
- 我会做什么不一样的事情？（行为）
- 我会想什么或对自己说什么？（思想）
- 我会体验到什么？（感觉和情感）

具有生态性

生态这个词最先是由德国生物学家恩斯特·黑克尔(Ernst Haeckel)引入的，指对人类和其所处的环境两者之间关系的研究。其他人、我们的家庭、我们的关系都属于我们的环境。引申说来，遵循我们社会生态系统的目标就叫“生态”目标。

例如，对于一个青少年来说，每天晚上做作业并不一定是生态目标，因为他如果完成了这个目标，可能会遭到同伴的嘲笑甚至排挤。实际上，在大部分初中和高中，一个男孩如果按时做作业并且成绩优异，就会发现他在班里的社会地位反而下降了……其次，所有的统计都证实了这一点：坏男孩比卖力的乖宝宝确实更讨女孩的欢心。尽管这个学生很爱父母也想让他们开心，但被社会排挤的痛苦可能太难以忍受了，所以他宁愿让父母失望。不管他确信父母爱自己，跟父母之间的依恋关系很稳定，还是他失去了对父母之爱的希望时，他都会选择让父母失望。另一个学生可能会心甘情愿成为班里的替罪羊、牺牲自己，好好学习，让妈妈开心。但是将青少年置于这样艰难的境地并不是父母真心希望看到的！如果我们不只是按照我们的标准（长期学习以换取以后的成功），还去参照一下青少年现在所处的社会环境来衡量一个行为的后果，就能精炼目标，并且增加成功的机会。

再举一个例子，达妮埃勒确实很想拿到驾照。在失败了五次之后，她过来咨询。通过询问她的生态环境，我们才发现了问题所在。如果她拿到了驾照，就不需要丈夫开车载着她到处去了。他们之间的关系会因此发生极大的改变。她经常对自己说：“如果我不需要丈夫开车载我的话，我会离婚。”我们明白了驾照对她来说代表着可怕的赌注！拿不到驾照是为了避免需要面对这种分开的结局，而她并不希望真的分开。

我们的许多行为都是为了维持整个无意识系统。不考虑系统的重量注定会让我们的努力付诸东流。这并不是说要放弃我们的目标，而是要顾及到整个系统，而且在建筑设计图纸里加上土地和城市规划这些限制。我们设立的目标经常因为没有遵循我们的生态系统，或造成了对这个系统的侵犯，又或是遭到其他人的否定，所以没能实现。在遭到周围人的抵抗，或者在面对着比我们预想中更大的改变时，我们可能会退缩。我们的目标看起来“美好”，但我们有时会忘了结果或许没那么美好。

35年前，在一个治疗小组里，一位女士提出了一个目标：摆脱丈夫的束缚，并且成为一名心理治疗师。我那时21岁，正热情高涨，绝对支持她的目标。而我们的心理学家则倾向于更谨慎小心地处理这些事，我仔细倾听了他的意见。当时我们二十几个未来的心理治疗师，来自世界各地，相聚在美国的一个学术研讨会上。心理学家拒绝了这位女士的目标，认为首先应该衡量这个目标的后果。这位女士生活在南非，那时候在南非，离了婚的女性是不能工作的。她的丈夫占有欲很强而且很强势，不让她工作，如果她坚持要成为一名心理治疗师的话，只会导致离婚。如果离婚了，她会被社会遗弃。许多年之后，她离婚了，移民到英国，开了一个诊所。她成功了，因为她准备好了迎接障碍，并且按照自己的心意做出了选择。

问自己这样几个问题：

- 实现了自己的目标后，哪些方面会改变呢？
- 目标的实现将如何影响我周围的人呢？

体现价值

有一天，我跟一个大公司的老板聊天。他跟我谈精神，谈价值。他是一个虔诚的天主教徒，他对我说每周日他都去做弥撒。当我询问他一些比较敏感的问题时，他无耻地回答说："生意是生意，宗教是宗教，不应该混淆。每个东西都有自己的位置。宗教在教堂里。在公司里不能讲灵魂，否则不会成功。"有基督教徒的胸牌并不意味着总是有基督徒的举止。幸运的是，总有一些公司老板还是按照自己的价值观来管理公司的。

还有一次，一位职业工程师和我吐露道："画画才是我真正的生活，剩下的，都是为了糊口。我建造核电站和监狱，这与我的价值相违背。我承认自己总是选择容易的道路。”唉，先生，喜悦是实现了自我价值后的激动，容易的道路既不会带来自尊，也不会有喜悦。

这位工程师说是退一步选择了更容易的道路，我们权当这是事实好了。作为一名心理治疗师，我陪伴过很多人，他们都对我说，在生活中选择更容易的道路让他们深感羞愧，我知道事实并非如此。这些男男女女，没有实现自我，也没有按照自己的价值前进，他们事实上把所有的精力都用在了服从、取悦父母上，向父母证明自己的价值。他们试图成为完美小女孩或完美小男孩，依据父母的标准，或者更确切地说按照自己幻想当中的标准，取得成功。

缺乏自尊、缺乏喜悦会引发补偿需求。既然我们在自己身上没有权利，那我们就在别人身上行使权利。从控制他人和赚很多钱上我们可以感觉到某种形式的喜悦。但是这条道路充满耻辱，因为虽然我们能蒙住眼睛一段时间，但却不能完全无视我们银行账户里那么多的钱是以牺牲某部分生活为代价获得的。我们不愿去了解，只看数字。证券交易人格雷格·史密斯(Greg Smith)在《我为什么离开高盛》[1] (*Pourquoi j'ai quitté Goldman Sachs*) 这本书里，很好地解释了这种自我和自我的分离。我们闭上了眼睛，将注意力集中在算计上，因为不这样做，我们就不能面对自己。然后，还有一句很荒谬的话，阻止人们改变：“如果我不这么做，其他人也会这么做。”为了缓和这种羞耻，人们借助毒品、酒精坚持下去。还有些人通过贬低他人来解放自己。比如埃迪每次吃饭时都说一些讥讽他妻子的话，说她做饭不好吃；每次在管理层会议上，凯瑞姆都会对其中的一个合作伙伴大发雷霆并公开羞辱他。

1 Smith, Greg, *Pourquoi j'ai quitté Goldman Sachs*, Lattès, 2012.

走出我们的舒适区

我们有时候会梦想未来，但是却没有付诸行动。我们希望一年之内游遍世界、换工作、开始学习绘画或者报名参加培训，但我们总有其他事情要做。我们没有时间，没有金钱。梦想依然是梦想，当日子太难的时候我们还能紧紧抓住这个梦想，得到些许安慰。我们抱怨生活空虚，不满工作占据了那么多精力，埋怨与其他人相处困难，对配偶不满意，嫌弃孩子让人筋疲力尽。然而，弄清楚各种选择以期真正做出改变在我们看来又为时尚早。然后，我们没有时间……几个月过去了，我们忘记了自己的梦想，也忘记了不满意的时候，只是活在日常的琐碎里。不久之后，疲倦和郁闷又卷土重来。我们又开始了新一轮的抱怨、梦想，然后又一次忘记……

露西尔在一家保险公司工作。她感到厌烦，经常抱怨办公室恶劣的氛围。她疲惫不堪，梦想着成为一名菜农。她喜欢大自然、喜欢种植、喜欢看着蔬菜生长。她在花园里养花，却不种蔬菜……梦想就应该是梦想。我们自然而然地倾向于不把幻想置于现实的考验中，因为这会让我们不舒服。突然，我们发现了还有那么多必须要干的事情，这让我们很沮丧。我们有那么多的工作要完成，更糟糕的是，我们此时可能需要考虑到自己的目标是不现实的。我们不喜欢从高兴跌落到沮丧，因此我们待着不动以避免情绪的起伏。我们一边继续梦想未来，一边继续想象着惬意又舒服的事情，想象着喜悦。

在想象的世界里，不存在任何失败的风险，这确信无疑。但是同样毫无成功的机会。实际上，我们是否能成功地达成一个目标或完美地实施一项计划根本不重要。喜悦在路上，但是对失败的恐惧会让人变得毫无行动力。这个社会更看重成功而不是学习过程，看重拥有学识而不是学习和分析的能力，所以犯错会受谴责，失败的人会受辱。失败因此造成了对自我、对自身形象的伤害。然而，失败在那儿是为了教导我们，并可能会让我们更接近真正的自己。失败可能是无意识当中不许成功所带来的后果（不可以超过妈妈），也可能是因为我们的过往所造成的一些限制（过于害羞、缺乏自律、太容易激动……）。失败引导我们面对长期以来压抑的情绪，帮助我们解放出真正的自我。

有时候，我们在潜意识里希望失败，这样可以重新定向，强迫自己在新的道路上探索。失败鼓励我们放弃原有的路线，挫折促使我们重新思考解决办法，激发我们给自己提出新的问题。

失败实际上可以是成功，或者是一扇门，将我们引向更大的成就。卡罗琳的男朋友多米尼克离开了她，她消沉了两年的时光。但是自从遇到奥雷斯特，她就一直庆幸多米尼克的离开。彼得医学考试没考好。哦！多亏了这次失败，他才能转向自己一直不敢表露的兴趣——做音乐！莱亚被解雇了，她为工作付出了一切，但是越来越爱犯错，最后老板生气了。幸运的是，这个年轻姑娘在网上创办了一个服装设计公司，这是她以前从来不敢做的，而且也没时间。

成功并不总是这么令人愉悦！大卫没有失败的机会，在一切方面都取得了成功，步步高升，但他越来越感觉到自己被封闭在不是自己选择的生活里。雷吉娜是一位成功女性，各方面都很出色。她才华横溢，点石成金，在一个大型的世界级公司里拥有很高的职位。所有人都羡慕她能坐飞机旅行以及她所拥有的自由。可是她却羡慕自己用午餐的那家餐厅的厨房。她是那么希望能开一间哪怕很小的生态茶室，但是她得控制自己不要去想这件事情。

失败会灼伤我们，留下一个自恋的伤口。我们倾向于利用失败来坚定消极的信念。克服失败引起的忧虑，敢于接受并面对失败，这非常重要。有时候，失败会比成功拥有更好的效果！

泰亚的事例就验证了这一点。她说，今年我失去了一切：丈夫、房子、工作，我发现自己一无所有。我出发去旅行。那是一次神奇的体验，好轻松，不知道明天干什么，就在那儿，活着，简单地活着，一天又一天。没有计划，不属于某个系统……我从来没有这么自由过。我希望所有人都能有这样的经历，真是美妙无比。是啊，这很难做到！但是这是一次不同寻常的探险。我庆幸有过这个经历。

当然了，失败同样也会由外部原因造成，因此适应环境显得尤为重要。我们正是通过与世界进行斗争才认识到了这个世界。我们可以重新看待失败，把它当成只是我们还未提出的一个问题的其中一个答案而已。

每次失败都伴随着一层洋葱片的掉落，我们由此更加接近生命的意义、接近我们的本质。喜悦显然不会因为舒适和各项事业的成功而出现。当我们感觉到活得充实时，它才会出现。喜悦诞生于不平衡。失败、考验比“一切都好”更能带来喜悦。[1]

---

1 如果你想了解得更多，可以使用2015年我在Jouvence出版社出版的《从失败中站立起来的小练习册》（*Petit Cahier d'exercices pour se relever d'un échec*）。

限制万岁

自由会产生喜悦，限制会将大脑置于压力之下。

确实，压力是机体的适应反应，另外也是动力。

压力过大很危险，而并非压力本身很危险。我们可以开放地思考限制这个概念。自由并不是无限制。一方面无限制是不可能的，另一方面限制是创造力的影响因素，因为它迫使我们去重新思考事情，使这些事情进入某些体系、某些框架中。对创造力和能力的训练也是喜悦的来源！创造力会表现在限制中。无论在绘画还是在雕塑方面，材料的限制都要求大家更加灵活、脱离老路、摆脱习惯……在你经常走的路上有一个障碍？那么你不得不从别的地方走，这可能是一个机会，可以让你发现新的地方。“我从来没从那地方走过。”

有一些限制会导致禁锢，还有一些限制可以带来解放。与完全自由相比，人类更需要的是自由意志，能自由选择、自由勾画自己的人生。

我害怕，我们走吧！

安全感是最基本的。唉，在这个世界上并不是所有人都能确信自己能看到第二天的太阳。不安全感促使我们加快压力循环来应对在变化的环境中出现的任何突发状况。无条件基本收入保证了经济安全，并能显著减少压力、恐惧和羞愧。安全感则属于基本需求的一部分。

因此，我们采纳了这个想法：恐惧时需要获得安心。因此，我们极力让害怕的人放心，所有人也试图令我们安心，我们小时候有父母，后来有伴侣，老了以后有孩子，当我们说“怕死”时，孩子们会不由自主地回答：“不会的，你想什么呢，还有很多美好的日子呢！”感觉到放心的确很舒服。但是长期看来，这并不合适也不灵验。当我们让一个担忧的人放心的时候，不管他是我们的孩子、妻子、朋友、同事，还是上了年纪的父母，他这种放心的心态只会持续几分钟或几个小时。他也会越来越依赖我们。

恐惧是面对危险时的一种自然健康的反应。它可以让我们在汽车突然出现时躲到一边，它打开了我们所有的感官，提高了我们的警惕性，让我们有精力应对敌人，或抵抗，或逃跑，或站着不动。这种与生存相关的恐惧，会在性命攸关时提醒我们逃离危险，没人会希望自己对此麻痹大意。恐惧过后、遭受创伤后，当我们颤抖着并用哭来释放压力时，会需要臂膀。但这种需要指的也是安慰而不是反复保证恐惧不再出现。

焦虑可以让我们为未来做准备。它让我们预想到最坏的情况，衡量危险。这就是为什么大老板都是非常焦虑的人，因为他们比其他人更多地去分析风险。同样基于这个原因，那些考试前最焦虑不安的人比自信满满的人要考得更好，因为他们准备得更充分！我们知道，要让一个焦虑的人放心，结果必定适得其反。

担心既不是面对危险的一种生理反应，也不是积极的应对。它是寄生情感的反应，经常是由压抑的愤怒引起。这是一个心理过程，从一开始高估了整体风险，到最后缺乏个人能力，都会引起人的担心。让人放心完全没有用。一般说来，如果你尝试去安慰他，他会撵你走，因为你不了解问题的所在。拥抱他，对他说我们一直都在，才是在培育爱和建立联系。另外，每个人都应该明白，提高自己的个人能力也是必需的。

注重安全感是获得舒适而不是喜悦的要素。小王子在同名电影里说："我害怕。我们走吧！"说得多好！小王子传递的信息很清楚。恐惧是一种情绪，很自然的情绪，它提醒我们有危险，但是不应该限制我们。

美籍华人蒋甲在他《被拒绝的勇气》(*Rejection proof*)这本书里和一次TED演讲时[1]，讲述了他的心理历程。当他意识到自己的计划受阻是因为过于害怕被拒绝，而且亲人的所有反复保证都没有效果时，他决定在100天之内，每天都做一件被拒绝的事情，从而让自己对拒绝不再那么敏感。他的书非常具有启发性。通过这种方式，他发现一方面被拒绝不会摧毁他，另一方面人们往往并不想拒绝他，尽管有时候他的要求确实很过分，比如立刻就要奥运五环形状的甜甜圈，或者在街上随便敲陌生人的

1 https ://www.youtube.com/watch?v=ZFWyseydTkQ.

门要求主人允许他在花园里拍一张自己正在踢足球的照片。100天的试验过后，蒋甲感到自己充满了能量、自由和喜悦，这是他以前从未体会到的。

我背包里有什么？

害怕跳跃、害怕跳舞、害怕上电视、害怕失败……这些恐惧，与羞愧、害怕受伤、害怕惩罚有关，阻碍了我们去行动、大胆做事、脱离习惯和创新，因此也就减少了我们取得成功、自我实现、获得喜悦的机会。

当后视镜吸引住了我们

很久以来心理治疗师就提出了一个假设：很多的精神障碍根源在于童年时期所遭受的虐待。后来这个假设得到了验证。侵犯、虐待不止在心理上会留下痕迹，在生理上也会留下痕迹。研究者检验了患有边缘性人格障碍[1]的成年男女的DNA，观察到在童年时期受虐待的人（身体虐待、性侵犯和情感虐待、缺乏爱……）发生了表观遗传变化。变化与虐待的程度成正比关系。

我们从前的经历也对基因产生影响，而以前大家认为基因一旦形成就会固定不变。日内瓦大学的研究者[2]已

---

1 特点是情感不稳定、易冲动、心境变化快、与他人的关系在我爱你/我恨你的两极之间迅速转变。

2 日内瓦大学精神病学系阿兰·马拉福斯（Alain Malafosse）教授的研究团队，与遗传与发展系合作。

经明显展示出了DNA里的生物踪迹。虐待、贫穷和压力可能会损坏端粒（染色体的末端部分），甚至会使其变短，而这种变化至少可以遗传三代。我们无法肯定接下来的事情，一方面因为人类的繁殖速度不像老鼠那么快，另一方面很显然人类不会为此而牺牲一代人。幸运的是，DNA会自行修复。

教育方面的虐待不仅仅会影响我们的遗传物质。对孩子大喊大叫、惩罚、威胁、吓唬或羞辱，对其施以暴力，或者强迫他见证暴力，会过度刺激他的扁桃体，让他不能在前额叶皮层和更深处的情感区之间制造回路以调节冲动和情绪。童年时经历过多的恐惧、压力、创伤会损害我们获得喜悦的能力。不过这也可以得到修复。

我们并不是一直知道背包里装了什么，但我们应该携带一些供途中使用的资源及实用物品。但是我们却经常背着过去的创伤。实际上，我们随身携带的是所有在我们身上还没有解决的一切，也包括我们祖先没有解决的一切，现在科学已经证实了这一点。过去的痕迹出现在我们的习惯里，但同样也存在于我们的表观遗传甚至基因遗传[1]里。

当指引我们的是恐惧而不是愿望，当我们进行选择时基于恐惧而不是喜悦，当我们的过去追上我们、让我们不悦、阻碍了我们，那就说明是时候来治愈我们的历史了。就像我们倒退着走路或者眼睛牢牢盯着后视镜一样，这样我们会看不清路，此时一方面我们很可能会在原地绕圈，另一方面最小的障碍都会让我们跌倒。看后视镜很重要，但是不能一直盯着，只需要时不时确认一下路况是否可以超车、刹车或转弯。

压力所导致的任何创伤或持久的束缚，都可能会对心理和身体造成长期的影响，这种影响有时会持续几十年。现在我们知道了压力和创伤会改变基因，而且这些改变能遗传好几代。如果我们的父母或者祖父母受过虐待，我们可能已经继承了那些被虐待损坏的基因。

如果说环境能对表观遗传产生消极的影响，那么它也能对其产生积极的影响。健康的依恋、适当地回应孩子的需求、倾听并陪伴着孩子的情绪，不仅能保护DNA,

---

1　表现遗传是基于非基因序列改变所致基因表达水平，基因遗传是基于基因序列改变所致基因表达水平。——译者注

还能在DNA遭受损害后修复它。童年时遭受的虐待使我们对压力和抑郁更加敏感，因此我们的喜悦会随之减少，然而我们可以恢复快乐生活的能力。借助于心理治疗、情感表达、冥想、锻炼身体和恰当的饮食，我们就可以修复自己的端粒并且改变表观遗传。

还有一个好消息，那就是我们同样可以修复自己的基因。心理疗法帮助我们明白心结是如何形成的，还能帮助我们打开这些心结。肉体和情感方面的治疗能够释放我们被堵住的能量。在我的《我恨你，我爱你》[1] (*Je t'en veux, je t'aime*)那本书里，我详细描述了这项工作，希望你能参阅。这些年来，心理治疗得到了极大的发展，它拥有极其有效又快速的手段，比如双边眼球运动、双向刺激和叩击法。它能准确地进行诊断，区分情绪和寄生反应，辨别哪些需要表达，哪些需要分析和平息，区分需要抚慰的痛苦和需要喊出来的痛苦。人本主义学派和认知行为学派结合在一起，后者向情绪敞开了大门，而前者则使用越来越多的认知行为方法。现在的心理学家竭力从各种学派

1　Lattès出版社，2004；Marabout出版社，2014。

中汲取最恰当的方法。除了方法之外，最重要的是心理治疗师能敞开心扉。在选择心理治疗师时，我们需要思考的问题就是："跟他在一起时我有什么感觉？"

冥想能夯实治疗结果，避免复发，能让我们在自己身上找到一处安全稳定的空间，通过置身于历史之外，来仔细查看自己的历史。它还能帮助我们更好地调节情绪。

锻炼身体可以促进神经元网络的发展，使大脑的各个部分都能更有效地发挥作用。每天早上在蹦床上跳几分钟比每周一个小时的治疗更有利于恢复动力。

恰当的饮食需要维生素、矿物质和脂肪（欧米伽3和欧米伽6比例合适），它能够保证更好地传输神经元里的信息。单纯的治疗有时候会失败，因为大脑缺乏脂肪，因为能量供应组织有炎症或者因为机体一点点适应了肠里的病原菌群，又或者是因为甲状腺功能低下、激素比例失调等。

此外，神经反馈是反应大脑真实信息的一项新技术，它取得了惊人的效果。[1]米歇尔·梅尼昂(Michel Meignant)的电影《神经元里的幸福》(*Le bonheurdans les neurones*)尤为清晰地展示了这一点。实验结果虽然看来不可思议，却是完全真实的。

没必要一边往前走一边回望过去，当今的科技能让我们从这种忙乱中解放出来。如果我们往前看的话，我们有更多的机会到达自己选择的目的地，并且避开各种障碍。

而且，我们的历史创伤得到治愈后，这些创伤就会变成资源。每个创伤都造就了现在的我们。每次考验都教会我们一些东西，让我们的能力得到提高，让我们的感知更加敏锐。当我们治愈了过去的创伤后，获得的并不是无法自我实现的挫败，而是感觉到自己作为这段历史的产物，内心充满了安全感。我们的历史，是我们的过去、我们的根、我们的立足点。在这个稳固的基础上，我们能走得更远。

---

1 NeurOptimal系统是目前最好的神经反馈系统之一。http://www.zengar.com 获得实践者名单可以查询www.adnf.org。

喜悦是选择的向导

喜悦是成就感。当我们的生命充满意义时，它就会出现。它告诉我们，我们正走在正确的道路上。喜悦表明我们所做的事情是正确的——并不是绝对正确，只是在目前情况下，对我们来说是合适的选择。如果我们走错了路，就会弄丢喜悦。那时，恐惧、羞愧、气愤会让我们的未来以及我们与他人的关系变得不明朗。

当我们犹豫着是往右走还是往左走时，可以使用喜悦过滤法。有时候我们在几个小时甚至几个月里徘徊不前，就是因为必须要做出一个好的选择。好选择只是幻想。选择没有好坏之分。我们做出一些选择，它们会勾画出我们的人生。这是我们自己的人生，因此这些选择就是好选择。有时候，我们的选择让我们在一条路上走许久，而且一旦我们行驶在这条高速公路上，下一个出口可能就在千里之外。确实如此。有时候因为我们一直在等待“那个出口”，所以会错过一些标示着其他出口和岔路的指示牌。因此，最好在出发之前拿出时间来分析一下道路。

给每个选择列出优点和缺点一览表并不总能解决问题。因为生活并不是纯粹的逻辑！对一个人来说的最好的选择，对另一个人来说未必是最好的。每个人都是独一无二的！每条生命之路都是唯一的。我们是谁？我们哪有资格评价他人的道路。

为了有意识地实施我们的选择，并且让自己感觉到正行驶在自己选择的道路，而不是在祖先所规划或社会压力强加给我们的岔路上，只需去想象一下每个选择带给我们的未来，并体会一下自己的感觉。如果你感觉到喜悦，那就是好的道路。太多时候，我们听从恐惧和羞愧而隐藏自己、选择舒适和安全。唉，危险其实更大，那就是后悔没有真正地过自己的生活。追求物质上的安全感，很可能会牺牲掉自由。当恐惧和羞愧太强大时，首先找出它们的成因并且摆脱这些情绪，这是非常重要的，因为它们很可能会挡道。

希望我们可以选择自己的未来：我是学医呢还是学哲学？[1]选择接受还是拒绝在领导层会议上做报告，晚饭是吃西葫芦还是四季豆，去饭店还是在家用微波炉热一些速冻食品或精心烹调一道菜，要不要给晚会上遇到的那个人打个电话，自愿参加一项公益活动，献血……我们需要做出上亿个选择。日常生活中最小的选择也会影响我们的生活质量。注意到这些选择，就是更加有意识地活着。要明白喜悦并没预留给重要的时刻——它或许会出现在日常生活中——只要我们注意自己的行为和这些行为的影响，有意识地在自己选择的道路上前进，有意识地成长。借助于喜悦对选择进行严格的筛选，那么我们的选择就建立在了一个重要的标准之上，也就是说这个选择会赋予我们的生活意义。

当选择摆在我们面前时，我们可能会使用各种各样

1　这个注释主要针对英国读者。在法国，学医和学哲学不能同时进行，学生只能选择其中之一。如果选择之后学生发现跟他想的不一样，在这一学年内他也不能换专业！法国人甚至无法想象像英国那么自由的课程选择系统。

的策略让情况变得错综复杂而且不清晰：我们可以在每个可能性后面加上一个但是，可以点对点地比较每个优点，列出优缺点一览表，让自己陷入一个思考范围中，而这个范围狭小得令人难以思考。但是，我想成为医生，但是，我怕对我来说这太难了；我喜欢哲学，但不是学哲学……

点对点比较

医学院就在我家旁边，如果学哲学的话，要远一些，而且需要在学校旁边租个房间。医学比哲学的学习年限要长。

优缺点

要做出一些有效的选择，我们不需要关注点对点比较，而是要注意对两个选择进行整体比较。否则，天平会不停地往两边倾斜。而且，将两个选择对立起来必然会卡住我们。英国心理学家托尼·布赞(Tony Buzan)在他的畅销书《开动大脑》(*Une tête bien faite*)里，建议增加第三列来松开被卡住的思维。“有趣”这一栏汇集了“出乎意料的事情”“我能在这种情景下学到什么”，这些内容最终并不是黑白分明，但充满了意义，还很可能变为成长的源泉。

医学学习的优势	医学学习的劣势	有趣的地方
医学院很近	很难，需要努力学习	我会遇到一些新人
我喜欢帮助别人	学习时间长	我会拥有离开父母自己生活的经历
等等		可以测试一下自己的记忆力

托尼·布赞同样是思维导图（又叫心智导图）的创始人。现在思维导图被广泛应用于世界各地，用来解放思想，寻找新的想法，走出我们的心智习惯这个有限的框架，丰富我们的表现，让我们从另外一个角度来思考问题，跟踪潜在的障碍，并形象地显示出关联和信念，强化我们的感知与表现能力。

当决定关乎我们的未来时，首先我们应该使用托尼·布赞的一项技术，即列出三栏或用思维导图来做每个决定。我们也可以先做一个思维导图，再重新填这三栏。

然后，我们将这一切都通过喜悦进行筛选（注意不要将喜悦和愉悦混淆）。此时需要大脑的额叶区开始进行预测了。舒适地安顿下来后，我们看着前面并投射出两个想象的屏幕，左边一个右边一个，来看看每个选择所带来的未来。在其中一个屏幕上，我们投射第一个选择，在做出这个选择之后的许多年会成为医生。你可以慢慢地构思整个图像和图像里包含的视听内容。如果我成为医生，我会对自己说什么？（例如从我父母那儿）我会听到什么？我会从身体感觉和情感上感觉到什么呢？总之，成为医生对我来说意味着什么呢？一旦这个图像形成，我们就可以转到另一个屏幕上，对第二个选择进行同样的操作。

我们面前最终有两部电影，可以进行比较了。首先观察一下每部电影画面的明亮度、色彩的鲜艳程度、声音的强度。现在是时候进行评价了，哪一部会让我们获得更多的喜悦？带来更多喜悦的那个选择就是正确的道路，因为那是只属于我们自己的道路！

我们有时候将自由这个概念与“能干任何事情”联系在一起，或者等同于做任何我们想做的事情，不给自己的欲望设限。但是一个人想抽烟，所以就抽烟了，他就是自由的吗？或者说一个人决定不抽烟所以就不抽了，那他是不是最自由的呢？真正的自由包含着责任。自由服务于需求，不是服务于欲望，欲望可能会引起破坏或发展成瘾。

有一个社会心理学实验给我们展示了自由的力量。在一辆公共汽车前面，有一个人说没有钱回家，他向行人请求给他坐车的钱同时告诉他们："车票1欧元。"结果，10%的人给了他0.5欧元。但当他补充说"您看着给"时，47%的人给了他1欧元！差异十分惊人。在品德方面，大家本性都是慷慨的，愿意付出或做一些你所期待的事情，但前提在于他不是被迫去做的。

当我们觉得可以自由选择时，当我们拥有自由意愿时，或者我们感觉到可以行使我们的自由意愿时，我们就会感觉到自己受到了尊重，并愿意付出更多。让孩子自由选择免得他反抗，也是同样的道理。如果我们对孩子说："去洗澡。"他很可能会抗拒。然而如果你对他说："在浴缸里你更喜欢放上小黄鸭还是小蓝船呢？"他就会冲进洗澡间。所有能促进脑前额叶运转的技巧都特别有效，比如只说一个词而不是说一句完整的话，因为这样遵循了自由意愿。

当然了，自由并不是不顾及环境，立即遵照我们所有的意愿来行事！自由，是行使自己的自由意志，根据能让我们做出最好选择的因素来进行选择。

乔治·伯纳德·萧伯纳(George Bernard Shaw)说：“自由意味着责任，这也正是大多数人害怕它的原因。”一位穆斯林女性选择戴上面纱（她丈夫倒是建议不戴），她对我解释说这样她就摆脱了焦虑，而焦虑曾经是她生活的常态。她跟我说：“我不再问自己问题。人们准确地告诉我要干什么，我不用负责任，我不再会搞错。”是的，盲目地遵循一个信条，或追随一位道德导师，能减轻我们生命中的责任。但是我们被赋予了脑前额叶，我们生来就是为了问自己问题的，并且给出自己的回答。让-雅克·卢梭(Jean-Jacques Rousseau)宣称：“放弃自己的自由就是放弃自己做人的资格，就是放弃人的权利，甚至放弃人的义务……这样一种放弃与人的本性不相容，与其说是放弃自由选择的权利，不如说是使自己的行为完全失去道德性。”

有意识地活在当下

我沿着海边走，独自一人不着边际地思索着前一天自己在人际关系上犯的错误。我当时说的那些话，好蠢啊！本应该这么说这么办……然后，突然我意识到该想想自己。停！我此时此刻在这儿。我看了看周围，有大海、阳光。我走得很快，感觉到自己的身体充满活力。一阵喜悦之情蔓延到全身。当然了，阳光明媚的一天，在海边会更容易体会到喜悦，但是即使不这样，你也总有办法领会生活那令人赞叹的美、那令人惊讶的复杂性，体会到生活的无限小、无限大……我留意了一下自己此时的感受，倾听自己的呼吸，试图感知身体的每个细胞一直演奏的和谐之乐。虽然我们感受不到，但每个细胞都在演奏着自己的那一部分乐章，并倾听其他细胞的演奏，与之协调。我注意到了自己身上的这种生命力。我一方面感受着自己的生命，另一方面看到了自己周围植物、动物等其他生命……我看到了细胞和粒子，感觉到自己属于这个生机勃勃的世界。此刻，我真真切切地活着，整个身心都如此。后来，我就微笑着继续前行了。

赞叹

更多地关注他人、关注这个世界的美丽而不是自己，会让我们在日常生活中收获更多的喜悦。我们所有人都航行在同一个星球上，我们的目光应该更多地停留在我们周围无与伦比的美丽上，而不是停在自己脸上的黑点或者自己和他人腰间的赘肉上。

赞叹的能力很可能是治愈自信心缺乏的良药，因为它让我们走出对自己的过分关注。矛盾的是这种才能经常被认为很幼稚！“他赞叹不已，就跟个孩子似的！”“他以孩子的眼光看世界。”这些总意味着眼光幼稚、不成熟、迷茫……而问题就在于要“变得成熟”，我们就不能再发出赞叹。嘲笑、批评、显得“超脱”、麻木、发现有问题的细节，让你成为一个受重视的人，会获得别人的欣赏，能保证自己的社会地位，因为在别人看来“他很了解”……但也会使人远离喜悦。和一个小孩子接触会让我们重新产生新的想法，让我们重新具备了赞叹的能力，我们可以在他旁边和他一起着迷于哪怕是雏菊的一个花瓣、一个栗子、一只蚂蚁或一只瓢虫。

喜悦与了解并不对立。我了解几十亿细菌生活在我的肠道里，它们构成了群体，互相帮助并且指挥着我的一些行为，尤其是在饮食方面，这种了解令我惊叹！了解光衍射定律并不能妨碍我们带着赞叹之情来欣赏彩虹。看到展示了我们蓝色的小星球漂浮在宇宙这个巨大的海洋里的图像，我们会感到极度震撼。

城市还是乡村？

太多的混凝土将我们与大地隔离开，也将我们与真正的自己隔开。在大自然中，我们会找回自己。绿色能缓解压力并且放松大脑。在一个安静又绿意盎然的公园里散步90分钟，比沿着人多又嘈杂的街上走路，更能改善我们的血液循环、增进我们的心理健康[1]。即使在生活当中，你总是遇到同样的难题，但仅仅置身于大自然当中就能改善心情[2]。我们的身体不需要自我防卫来抵抗空气中各种类型的有毒物质，因为一切都是绿色的！森林让人冷静，即使光看图片也能让

1　布拉特曼（Bratman）和他同事的研究成果。

2　Lambin, Éric, *Une écologie du bonheur*, coll. Essais,du Pommier.

人平心静气。

为什么不与大自然合作呢？例如通过栽培植物的方式，甚至在阳台上种菜[1]，这是喜悦的源泉，因为这是绿色的，因为它象征着生命。这是一个机会，让我们可以赞叹这种生长，赞叹那一小段嫩芽令人难以置信的生命力。同样地，当我们培育这段嫩芽并照顾它时，会感觉到骄傲，因为某一天它会提供樱桃番茄给我们。而所有这一切都会让我们满怀喜悦。

---

1 Monpotager.com.

优先考虑与自我的接触

与自我接触，回归内心，就是仔细地倾听我们每一刻的感觉、情绪、想法，并且不做出任何评判，意识到每时每刻我们都处于自己横向轴和纵向轴的交叉点，也就是活在当下。喜悦来自于与内心的接触。只有当我们与自我、与自身的价值达成一致，也就是从以前的羞愧和恐惧中解放出来时，回归内心才成为可能。对自己的感觉保持关注，我们就能在内心深处扎下根，安顿下来。

停留在图像上，意识到时间的流逝

“时间过得好快啊！”我们年轻时，时间有时候好像很漫长。年纪越大，日子就变得越短。交通方式的快速发展、信息的流动、智能手机带来的便利让我们能随时联系上周边的人，所有这些只会让我们更深刻地感觉到我们还没怎么好好生活，时间就过去了。有时候我们会说幸福时感受不到时间的流逝，不幸时会痛苦地感觉到时间好漫长。如果就这样错过了那些快乐时光，是多么令人遗憾啊！有时候，我们会觉醒：“我此时此地正处在自己的时间线上，我要活在当下。”我们越是能意识到自己的时间线，这个带给我们的生命以意义和方向的纵向轴，我们就越能更容易地回想起现在，它从过去而来，并能促进未来的萌芽。当我们跟亲人之间互动频繁或者参与到一项重要的行动时，不存在无法把握现在的问题，因为我们感觉到自己此刻真切地活着。但是我们习惯于将中间阶段、等待期、运输期、在我们看来无用的时刻都判定为在浪费时间。当我们察觉到自己正在努力地过自己的生活时，就可以将这些时刻变得有用。“此时此地我存在。我意识到现在这个时刻永远不会再现。我活着。我处在过去和未来的十字路口上。”

练习

我在那儿，可能正在邮局里排队，可能正独自一人在饭店吃饭，可能正在开车，可能正在购物。干什么不重要。很简单，我感觉到此时此地自己活着！我知道，一会儿之后，此刻就不再存在了。我感觉到我正在过自己的生活，我在自己的时间线上确定了自己的位置，品味着、感觉着自己活着这个简单的事实。

协调一致

我们的每个细胞都在振动。我们的身体在振动，细胞里的水也在振动。在我们的机体内部，信息通过振动进行传播。当细胞振动一致时，我们会感到喜悦。

我建议你去亲近自我同时又忘记自我，思考自我同时又不关注自我，尽管这可能看起来相互矛盾。思考并不代表以自我为中心。我们坐着、走路或认真地做饭[1]，同时关注自己的内在感觉、思想和发生在自己身上的任何事情。我们将注意力放在自己的反应和压力上，感受每一次呼吸和我们全身的能量。在某种意义上，我们对

---

1 参考我那本对做饭进行思考的书：《美食厨房》。

自我进行思考，但是这个自我并不存在，它并不作为一个单独的实体存在。

许多西方人认为“冥想就是放空”。在我的理解当中，以及我阅读经典佛经所学到的东西，和与我斯里兰卡、越南、中国西藏的导师接触当中，我发现冥想更多地关于内在的虚无，即指自我不纠缠于任何事情，领悟到事情本身也是虚空的，没有一个存在是独立的。“自我”这个术语对于西方人来说，是混乱的来源。他们从中推断出混乱发生在他们的内心。进入内在的虚无并不意味着我们脑袋里面应该什么都没有，而是要认识到我们投射出来的，所谓拥有一个身份、一种形式或自身的存在，是虚空的，它们只是单纯的能量、单纯的振动。我们的自我与其他东西一样。冥想，就是利用自己的身体作为媒介，与内在生命的振动协调一致，因此也就是与世界的振动一致起来。

协调一致并不需要复杂的仪式，只需要同步我们内心的节奏，开始倾听并注意内在感受。当我们停下一会儿，当我们不必对外部事件做出反应，当我们停止接受外部信息，关上电视、电脑和平板电脑，那么我们就与内心联通起来了，一切最终都平静下来了，虽然不是立刻。一开始，我们看到各种东西在我们内心的屏幕上鱼贯而行。慢慢地，图像消失了，光屏变得模糊不清，声音也越来越少。我吸气、呼气，吸气、呼气。平稳的呼吸节奏给大脑发送了信息：没有危险。每个器官重新开始工作。随着深呼吸节奏一点点地稳定下来，不同的系统开始互相协调。我们前面提及的生物节律就是这样运作的，彼此之间协调一致。细胞跟随着这个节奏，慢慢地达到了振动一致。世界在振动。当大家一致时，同时性，即“有意义的巧合”会增多，我们将这种情况称之为运气好！我们遇到的同时性会让我们觉得在地球上没那么孤单，因为它们证明了我们和世界是联系在一起的。

哎，奶奶，我的羊毛衫扎人！

体会到自己内心的振动需要我们关注并且明确地意识到自己的内感受，它告诉我们身体内部发生了什么。如果你来过我的讲座听过我的报告，就很可能听过扎人的羊毛衫的故事。我曾经见证了这极具代表性的一幕，虽然距离现在30多年了，但它仍然没有过时。

一个小女孩和她奶奶手牵着手在路上走。小女孩轻声地说：

"哎，奶奶，我的羊毛衫扎人！"

奶奶一开始不由自主但又坚定地回答道：

"不，你的羊毛衫不扎人。"

孩子坚持说：

“奶奶，它扎人，我的羊毛衫扎人！”

奶奶停下脚步，转身朝向小女孩，并且挥动着食指以示威胁：

“不，你的羊毛衫不扎人！奶奶知道羊毛衫是软的！”

奶奶的语气多肯定啊！小女孩会告诉自己什么呢？在生活方面，奶奶比一个小姑娘懂得多，因此奶奶肯定有道理。而且，她说羊毛衫是软的。我不明白为什么奶奶坚持说不扎人。我不能认为奶奶是故意骗我……因此奶奶说得对……因此……我的感觉是错的！

我们当中的很多人就这样学会了不再听从自己的内

感受，坚信是自己的感觉欺骗了自己。我们学会了追随并认可我们周围的成年人所说的恰当的感受。我们远离了自己。喜悦，是感觉到自己活着，是察觉到自身生命的振动。如果我们不相信自己的内感受，怎么能感觉到这种振动呢？修复内感受刻不容缓。你听得到自己心脏的跳动吗？伦敦大学马诺斯·查克里斯(ManosTsakiris)的研究表明，只有四分之一的实验对象表现出能以80%的准确率测量自己的心脏跳动。还有四分之一的人，准确率低于50%！科学家揭示了计算自己心脏跳动的能力是检测一个人的内感受能力与抵御视觉假象的能力的较好办法，同时它还能检验一个人在面对社会影响时能否表明并坚持自己的身份。

吃，动

“我没有精神，我必须严格控制饮食，去健身……”到处都能听到这些话。但是大部分控制饮食的行为会让这些人或多或少地变得易怒、低血糖、导致身体缺乏必需的维生素。健身俱乐部赚我们的钱，却不会让我们就此真正瘦下来。应该说我们在里面耗费了一段时间，乐于流汗和受苦，动机是好的。但很快地，我们不再去了，但又没有真正地决定还去不去。一直保持运动的动力是不容易的。然而，要在日常生活中感觉到喜悦，身体的姿态、姿势和灵活性是最基本的条件。或大或小的啤酒肚让我们变得笨重，我们的自由度就更小了。我们的肌肉会很快消失，肌张力也会因此受到损害。而肌张力是喜悦的一个重要方面。会阴、腹肌都是能带来喜悦的肌肉。是时候重新成为我们自己生命的主人了。

我们每天会看五个小时的电视，而且经常懒洋洋地窝在沙发里看。我们凭直觉就知道电视让我们变得迟钝，而且现在好像也已经证实了看电视会影响我们的语言能力、身体发育、认知和情感发展。发表在《美国人类生物学杂志》(*The American Journal of Human Biology*)上的一个研究表明，将超过75%的时间用于坐在电视或电脑前的孩子，他们的运动协调性只是那些活跃的孩子的九分之一！九分之一！而且并不是只有孩子才会这样。当然了，在看电视的时候我们会获得即时的满足。我们的大脑产生阿尔法波，此时我们很放松，很舒服。而且，我们的报偿回路充满了类吗啡。这就解释了为什么我们很难关上电视，即使我们知道正在看的这个节目很愚蠢，这也说明了为什么当我们按下遥控器上的“关机”按钮时，孩子们会猛烈地发火。此时类吗啡的突然减少会启动大脑里的痛苦和压力，使孩子只能用哭闹的方式将其发泄出来。要避免大脑风暴，不妨在关电视之前给孩子一杯水，当然了还要和他说话，转移他的注意力，能让他的目光在关电视之前离开屏幕三四次，这种方法对于任何类型的屏幕都很奏效。我们不该为他们陷入了这种痴迷状态而去抱怨他们，连我们自己都抵挡不住呢！有多少次我们突然间发现在一个多小时的时间内，自己不断地换频道还一边强调“今晚上没什么好看的”？我们看到电影的结尾，却没有看过开头；这个故事我们不能理解，但是也有可能根本没什么要去理解的。就是一些图像，在运动着，有声音，供我们消遣，让我们休息……可以催眠我们。

但是，电视的问题并不仅仅在于屏幕、强光、蓝光、画面节奏，还有让人变懒，窝在沙发里不肯动弹！肌肉不使用就会萎缩。在健身房里一周只锻炼一次肌肉不足以保持身体健康。坐着很舒服，但是如果坐得时间太长，我们的肌张力会降低，因此我们获得快乐的能力也会下降。获得快乐的能力来源于运动和行动。大脑是用来思考的，但是它最基础的功能是让我们具有行动能力。大脑令人惊异的复杂性已让我们能走能跑，而它之所以发展意识，是为了让我们知道要往哪儿去。思想是内在的运动。运动又有益于智力。爬树能让人拥有150%的记忆力！

没有活力？抑郁？超重？这是糖代谢问题，同样也是肌张力方面的问题！在我们的身体里，器官越用越灵，越不用越萎缩。当我们每天有将近10个小时的时间都坐着时，我们的心脏、肌肉、新陈代谢会怎么样呢？对于我们大多数人来说，几乎一起床就坐在车里或在火车里寻找能坐的位置。然后，整整一天我们都坐在办公椅上对着屏幕，之后又急急忙忙地在交通工具里找座位。晚上，吃完晚饭休息时，我们又会坐着看会儿电脑和电视……然而，是什么阻止了我们站着看电视呢？是我们的文化！“坐下！”“你不愿坐下吗？”在客厅里试图站着好像会威胁到整体的平衡，而坚持让我们坐下的呼声又很强烈。坐着时，我们自然而然地倾向于后腰松弛下来，胳膊耷拉着，腹部放松（意思就是肚子向前突），背部肌肉松弛失去张力。如果我们的身材很标准，而座位太高，那么膝盖比骨盆要低，大腿会斜着而不能保持水平，这样会导致腿部的静脉血液瘀滞。贝尔纳黛特·德·加斯凯[1] (Bernadette de Gasquet)医生着重指出，这种坐姿会促使

1 De Gasquet, Bernadette, *Abdominaux, arrêtez le massacre*. Marabout.

我们呼吸时只是胸部微微扩张而不是通过下肺叶，即胸式呼吸。我们喜欢陷在沙发里，坐在椅子上向后仰，这样会导致屁股往前滑并且让身体整个地下陷。当我们一整天都坐着时，我们所有想做的就是继续坐着。我们的肌肉在一点点地消失。可靠的研究表明长时间坐着是很危险的一个因素，会造成身体不健康和早逝。在这种情况下，即使我们经常做运动也于事无补。当我说做运动的时候……研究表明，如果每周锻炼身体五个小时，而剩下的时间都坐着，对保持健康而言，显然是远远不够的！然而就算如此，我们当中的大部分人也远远没达到每周运动五小时呢！长时间地坐着会阻碍大家的快乐并减少生活的动力。我们怎么能继续让孩子在学校里坐那么长时间呢？在法国，孩子们一年有864小时屁股不离开座位，而在其他的经济合作和发展组织成员国中这个数字是804小时，对法国的初中生而言991小时，其他地方恐怕要916小时！当孩子们离开学校时，我们还要求他们坐在小轿车、公交车或火车里。更糟糕的是，当孩子吵闹时，我们有时会罚他坐小板凳！我们用这种方式来惩罚，显然会让问题更加严重，我们的大脑是不是因此退化了？跑步能让人愉悦，当然了，惩罚的目的就是剥夺快乐。但是跑步不仅仅能带来愉悦，还会提供动力，让大家上课时能集中精神并且能控制自己的行为。待在角落里或坐小板凳只会增加怨恨。

我们感觉到喜悦时，会想奔跑。因为我们跑起来时，会体会到喜悦！针对跑步，人们展开了许多研究，得出的结论就是跑20分钟就足以显著提高多巴胺水平。锻炼越多，产生的多巴胺就越多。之后，多巴胺会减少并让位于5-羟（基）色胺，后者会让我们获得内心的满足感。2008年一项研究显示，在跑完马拉松之后，长跑运动员的催产素水平都得到了显著提高。

雄性土拨鼠[1]在转轮里跑了六个多星期之后，产生了更多的催产素，这些催产素的增多促进了它们神经系统的改变。另外，当人们将雌性土拨鼠放进它们的笼子里时，雄性土拨鼠能快速地与雌性土拨鼠建立起牢固的联系。但没有运动的雄性土拨鼠对雌性土拨鼠就只表现出极少的兴趣。

1　新奥尔良神经科学学会。

当我们付出体力时，大脑会在明确的区域释放多巴胺，但是如果我们有规律地锻炼，促进精神集中的激素会在整个大脑增加，从而改善我们专心致志的能力，提高我们的效率，提升我们的满意度，让我们更有能力与他人积极地建立联系并且发展创造性活动，因此带给我们喜悦。

懒惰与基因有关吗？

运动带来喜悦，而缺乏运动大有让喜悦消失的趋势！此外，在运动面前并不是人人平等的！

在密苏里大学兽医学院实验室的笼子里，有些老鼠花费许多时间在转轮里跑，而另一些老鼠却对此毫无兴趣。研究人员将它们分成两组并让它们在组内进行繁殖。10代之后，冠军一派诞生了，它们奔跑的速度是出生于懒惰家庭老鼠的10倍。多亏有这项研究，人们识别出了36个可能对体育活动的动力产生影响的基因。而且，对于活跃的老鼠来说，它们伏隔核里的神经有更多的髓鞘[1]。爱奔跑的老鼠大脑中拥有一个更大的

1 髓鞘：一层脂肪组织，包裹在神经细胞轴突外面的一层膜，有点像电线的塑料皮，便于神经冲动在郎飞结处的跳跃式传导。

多巴胺能系统，而且与动力和奖赏相关的区域也更大。这些基因需要活动，就像其他基因需要可卡因、糖或尼古丁一样。

一些关于老鼠的研究[1]表明，在它们的两个基因里包含着将糖通过肌肉转化成能量的编码，当这两个基因活跃时，老鼠会活力满满地投入体育锻炼中。相反，如果这些基因不活跃，老鼠就不再有任何动力跑转轮。

跟老鼠一样，某些人有跑步基因，热衷于跑步。我的一个邻居朋友系上跑鞋的那一刻，就已经兴奋不已、满心欢喜、肾上腺素增加！她肯定拥有我缺乏的某些基因！这个基因负责接收多巴胺，如果没有它，你很可能更喜欢坐着，与拥有这个基因而且基因正常运转的人相

1 科罗拉多大学发表在《心理科学》(*Psychological Science*)、《美国心理学》杂志(*American Journal of Physiology*)上。http://www.maxisciences.com/paresse/et-si-la- tendance-a-la-paresse-etait-ecrite-dans-les-genes_art29191.html。

比，你可能活动得更少。要知道，我们当中的某些人缺乏运动的动力是有基因方面的原因的。

弗朗西斯·沙乌劳夫[1] (Francis Chaouloff) 解释说："人们经常将在体育活动中感觉不到乐趣作为不参与一项体育锻炼方案的部分或全部原因，这也表明了神经系统的生理机能确实在其中扮演了重要的角色。"他和他的团队观察到一些老鼠在与动力和补偿系统相关的大脑区域缺乏大麻素CB1感受器，所以它们在转轮里会少跑20% ~ 30%的路程。

我更加明白了为什么当我看到房间里的自行车时，并没有感觉到强烈想要骑上去的欲望……无须解码我的基因组就能猜出我既没有这方面的基因又缺乏CB1感受器！

---

1 弗朗西斯·沙乌劳夫，波尔多第二大学法国国家健康与医学研究院马让迪神经研究中心（NeuroCentre Magendie）主任；萨拉·迪布勒克（Sarah Dubreucq），博士生；弗朗索瓦·乔治（François Georges），法国国家科学研究院研究专员，他们的研究成果发表在《生物精神病学》（*Biological Psychiatry*）杂志上。

站起来！

站着比坐着能更好地进行思考，这是在得克萨斯进行的一项研究[1]得出的结论。研究者们跟踪研究了282名7～10岁的孩子整个学年。某些教室里配备着一些常见的桌椅。另外一些教室里，有一些加高的桌子，学生们能站着在上面学习。学生们当然不会被强制站一整天，他们每个人都有一个高搁脚凳，可以坐在上面。站着学习的孩子有更多机会来举手回答问题、参与班级的讨论、避免在没轮到时乱说话，而且他们比那些坐着的孩子更能够集中注意力。学习的时候

1 马克·本登（Mark Benden）博士，德克萨斯卫生科学研究中心公共卫生学院副教授。研究成果发表在《国际健康促进与教育》（*International Journal of Health Promotion and Education*）（Dornhecker et al., 2015）期刊上。

站着而非坐着可以让学生每小时多集中精力七分钟，而且站着工作似乎会减少行为方面的问题，促进对学习的投入，增强学习的动力。

一整天都站着很累人，但一整天都坐着也是！经常站起来才是关键！这样我们会更有精力也会变得更苗条！这是琼·弗尼科斯[1] (Joan Vernikos) 博士发现的成果。她是美国国家航空航天局的医生，负责宇航员在太空中的健康。她用了好多年的时间来研究身体和重力的关系。她发现重力在我们的生理机能和衰老过程中扮演着非常重要的角色。人在坐着的时候，身体不能抵抗重力而且相关的肌肉会消失。她的发现具有革命性的意义，单纯地站着比走路能更有效地抵消坐着的不良后果，但还是变换姿势对我们的健康影响最大，比站着益处更大。我们注意到脂蛋白脂肪酶在人不活动时会减少，反之会增多，也是一件很有意思的事情。最好的活动就是：从座位上站起来！脂蛋白脂肪酶是一种酶，可以紧紧抓住血液里的脂肪，将它运输到肌肉里当成燃料使用。因此，只要站起

1 Vernikos, Joan, *Sitting Kills, Moving Heals*, Linden Publishing, 2011.

来就能帮助身体燃烧脂肪。所有抵抗重力的运动都能燃烧脂肪。幸运的是，也正是活动带给了我们加速的感觉和愉悦的感受：跳跃、跳绳、骑自行车、滑雪橇、用滑雪板滑雪……

为了研究得更深入，琼·弗尼科斯使用双盲方法对志愿者进行了研究，这些志愿者已经在床上待了四天。之后，他们当中的一些人必须在一张跑步毯上走，其他人则需要保持站立、起来又坐下……结果，每小时站起来一次比走15分钟更有益于心血管系统和整个身体的新陈代谢。此外，32分钟之内反复地站起坐下与一天站32次效果也不一样。有规律地站起坐下可以将一天的力量分散开来，这是最有效的。我们可以让事情更有趣：蹲下然后张开双臂跳起来。这是最佳的方式！

美国国家航空航天局还有一项研究表明，在蹦床上跳10分钟比跑步30分钟更能锻炼心血管。蹦床能让肌肉和骨头更好地工作，同时降低膝关节或踝关节受损的风险。

状态良好的会阴肌、发达强劲的腹横肌、灵活的关节，所有能让我们运动起来的因素都会带给我们喜悦。我们的身体越自在，它就越能让我们感觉到自由，我们也就能体会到更多的喜悦。我们之所以会被出现的小沙发所诱惑，不是因为我们累了，而是因为我们的身体失去了活力。然而，喜悦就能带来活力。

每时每刻，你都能锻炼自己的身体。喜悦需要付出一些努力！坐地铁或火车要走很长的路程？你可以锻炼肌张力！漫长的等待时间？不如纠正身体姿势！不要再通过玩游戏或到手机里的社交网络中解闷了，我们可以利用每次在火车站、公交站、邮局、超市收银处等待的间隙找到喜悦。为什么把时间浪费在等待上呢？我们可以利用这个时间做各种各样的事情，借助认真的思考来训练大脑，也可以锻炼会阴肌、腹部肌肉或者脚上的肌肉……

在阳光下喜悦，在暴风雨中同样喜悦

当生活很艰难时，当不幸如同乌云密布在我们的天空中时，这些时刻为什么就不是喜悦的时刻了呢？我们已经知道，喜悦出现在我们可以发挥才能的时候，而不是存在于舒适中。我们能在阳光下感受到喜悦，那么它也会出现在暴风雨中，只要我们将注意力放在能让我们成长的事情上面并且专心于此。

佛教的超脱是一种认真观察不做出评论的状态，在这种状态下，我们会观察情绪但不会进入这种情绪中。有时候人们会将超脱与冷漠相混淆，然而它们的差别却很大。冷漠是否定的结果，这是一种拒绝，对情绪的一种逃避。躲避在冷漠里说明了这个人情感很脆弱，情绪能左右他。冷漠位于克洛德·斯泰纳[1] (Claude Steiner) 情绪扫盲等级的最底层。相反，超脱是面对情绪时的一种自由状态。它完全接受情绪，但不依附于情绪。冷漠是一种分离状态。而超脱是一种统一状态，它来自于对自我对他人的在场，包含着共情。用“泰然处之”来形容超脱可能更准确，《小罗贝尔词典》给出的定义是“灵魂平等”，但这个解释在我看来并没有把内心的平和状态表述出来，这种平和是指以相同的方式接受积极和消极、所得和所失、批评或表扬、扔烂西红柿或热烈鼓掌。情绪意识等级的最高点“泰然处之”是指面对生活及其变幻莫测时的平静从容，而且无论在任何情况下都能获得喜悦。

我打开冰箱，一瓶啤酒很可能就原先没放好，于是在这时掉下来摔碎了。地上满是酒和玻璃碎片。我第一次尝试使用新的吸水机，结果很糟糕，吸水机出了问题。我试图擦地，便先一块一块地捡玻璃碴。尽管非常小心，但玻璃碴太锋利了，有一块扎进了我手指头的肉里。鲜血涌出，我喊人帮忙。家里进入战斗准备状态。找到消毒

---

1 欲知更多的细节，请查看我的这本书，*Que se passe- t-il en moi*, Lattès, 2001.

剂！绷带去哪儿了？最后好不容易找到绷带，孩子们在给我的伤口消毒后，在我的手指上缠了一块大大的绷带。

表面上看，这是一个完全负面的事件，我失去了一瓶啤酒、浪费了时间、弄坏了吸水器，而且几天之内不能用这根手指。这个事件有好的方面吗？下面就是：

• 我学会了使用这个新科技的吸水机。它可以吸液体，但是不喜欢玻璃碴，尤其是如果我没设置好就会弄坏它。

• 我学会了可以用报纸揩干水，而不应用海绵，因为用海绵会更容易被玻璃划伤。

• 我发现绷带没有在它们应该在的位置上，而且家里没有人知道去哪儿找，现在我们把它放在合适的地方，让每个人都能容易地找到。

• 孩子们学会了清洗伤口、缠绷带。他们见过，但没有实践过。从此以后他们就掌握了这项技能。

• 手上缠了绷带后，很多活儿我就没法干了。丈夫和孩子承担了这些工作，我就可以稍微休息一下，他们也能发现最后自己学会了清洗餐具或者手洗羊毛衫。

• 这次的“残疾”改变了家庭结构。我们更加清楚地意识到大家相互依赖的关系，还有“家庭”的意义。

• 家人都围着我、哄着我，所有人都照顾我，给我端水、切肉或拥抱亲吻我。

• 我们回忆起了我儿子五岁时经历的一场事故。当时切割机不凑巧正开着，他被机器切断了一根手指。我们去了急诊室。一起重新谈起这个事件可以清空那些没说出来的感情，并且加固我们相互之间的爱。

总之，这次意外事件既有趣又有用，既不是绝对正面的也不是绝对负面的……接受生活本来的样子，体验生活，不仓促做出评判，这样我们会变得更好。发生的一切既不好也不坏，只是事实！与安定相比，在痛苦，也就是那些看起来不幸的事情中，我们能找到更多的喜悦。况且，科学家着重指出乐观主义者比悲观主义者要更幸福。[1]同时要注意一项针对115位参加者历时两年的研究[2]，它显示只有不超过三个月内发生的事件才会对我

1 Dember&Books et Seligman, cités dans l'article *Who is happy?* par David G. Myers et Ed Diener. *Ibid.*

2 Suh E1, Diener E. Fujita F., *Events and Subjective Well- Being : Only Recent Events Matter, Journal of Personality and Social Psychology*, 1996 May ; 70(5):1091-102.

们的精神产生影响。生活当中好的和没那么好的事件随着时间的推移在不同的个体之间会趋向于共同变化。共变性是指它们的变化方式趋于一致，又都以相似的形式表现出来。无论好坏，最后的影响差别不大。这个强调好坏共变性的反直觉的意外发现为新的发现打开了一扇门。危机能教会我们一些东西。经历过一些事情的人，即使是痛苦的事情，总体看来也要更幸福。困难出现在我们面前，促使我们超越自己。大家经常说：那些杀不死我们的不幸，只会令我们更强大。确实如此！当我们上体操课的时候，觉得很辛苦，但肌肉会变结实。对于我们的各种能力来说，情况都差不多。

我们可以问自己以下这些问题：

- 我学到了什么？
- 这些所学可以让我为未来做哪些准备？

• 观察一下结果，里面有没有一个显得有用、具有建设性意义或令人舒服的呢？

• 这些所学改变了我人际关系里的哪些方面？

• 改变了我的目标、任务、行为里的哪些内容？

练习

我停下一会儿，倾听自己的生命。

我倾听周围的声音，关注气温，我观察、品尝……一切都在振动。我察觉到了世界的振动，继而与之协调一致。因此，我相信我的细胞可以做到。

我任凭过去的图像浮现在脑海中，我看到每个事件是如何造就了现在的我。我是由分子构成的个体，跟其他所有人相似，但又跟任何人不同。

喜悦的信使

没有神经冲动传送媒介和激素，就没有喜悦！我们的感受取决于经由我们身体和大脑的各种结构所传输的信息。内分泌腺所分泌的激素，随着血液循环被输送到靶细胞中。神经冲动传送媒介或神经递质都是由神经元（或者神经胶质细胞）制造的，它们保证了信息通过突触在两个神经元之间的化学传递。一旦激素进入中枢神经系统，某些激素就变成了神经递质。

许多激素都跟喜悦这种情绪相关。显而易见有多巴胺，但还有5-羟(基)色胺，催产素，性激素，比如睾丸素、雌激素、黄体酮、催乳素和褪黑激素。任何一种激素都不止扮演了一个角色，而是承担着许多功能。而且，它们协同合作。将它们分开是我们人为的行为，但仍然要注意它们的特性，并且留心如何维持这些激素的产生以保持大脑的良好运转。

多巴胺

多巴胺被认为是产生喜悦的主要激素[1]。它作为报偿回路的神经冲动传送媒介，在大脑里只占很少的数量（0.3%的神经递质），但是效果却惊人！它是由酪氨酸制造出来的，不止通过活跃在我们的伏隔核（愉悦之核）里带给我们强烈的愉悦感，而且还可以记住能带给我们愉悦的行动所对应的神经元网络，并且预见美好的前景，激发我们去行动。

与一个活动相关的“报偿”越大，大脑就越能记住，身体也越会去试图再一次进行这个活动。针对滑冰运动员的研究显示，当这些运动员差一点儿就获得了好名次

---

1 http://www.theguardian.com/science/2013/feb/03/dopamine-the-unsexy-truth.

和他们赢了的时候，伏隔核里的活动是一样多的。我们成功了，多巴胺会奖励我们，我们差一点儿就成功了，它也会鼓励我们坚持下去。当成功取决于我们自己的时候，多巴胺就成了绝佳的工具，可以帮助我们直到成功。但是，它也会将我们置于冒险的诱惑中，让我们参与到完全不恰当的博弈游戏中！

多巴胺是程序性记忆的必要成分。程序性记忆可以让我们学会跳跃、骑自行车、弹钢琴或者踢足球。从运动中体会到的愉悦和想到要重新开始并且成功的兴奋激励着我们。同样地，喜悦促进我们学习并且促使我们超越自己的局限。在新鲜事物面前，多巴胺产生兴奋。它激发创造性和想象力，让我们积极主动、鼓励我们前进，但是并不是盲目地前进，实际上它在帮助我们做规划，并且抵御住冲动。它参与到动力、预见、创造性、睡眠、心情和记忆中，同时在调控运动能力和控制注意力的方面也有它的身影。

在青春期，不管是男孩还是女孩，他们身上多巴胺感受器的数量都在极大地增长，尤其是男孩增长得更快。因此，青少年很难克制自己骑着摩托往前猛冲或者在滑雪道外滑雪的冲动，何况他们的大脑很大一部分正处于整修中，控制行动或估计危险对他们来说变得很困难……当被关在家里时，他们从电子游戏中找到了安慰。玩电子游戏时分泌的多巴胺数量明显地超过听老师讲课时的分泌量。要让青少年不把所有的时间都用在盯着屏幕的关键是什么？那就是在现实生活中他们能找到足够多的刺激，有足够多的机会去探索、冒险、运动。他们的感受器呼唤多巴胺！他们需要多巴胺。当我们感到精力充沛、能量满满时，会分泌多巴胺！我们是如此生机勃勃！青少年经常指责成年人没活力，而他们每时每刻都活力四射，当然除了他们因为如此快速地成长而倒在沙发上休息时。

当我们经受一个巨大的压力时，大脑也会显示出一些多巴胺高峰。研究者测量到患有创伤后压力综合征的那些士兵在听到枪响的时候大脑里的多巴胺数量。很明显，枪声并不能让他们想起一些愉快的经历，而是促使他们自我保护。多巴胺作为肾上腺素和去甲肾上腺素的前体物质，能调整行动。它会激发我们，并给我们提供能量来行动，或相反地让我们缓和下来克制住自己。它就像是一个可靠的激素向导！多巴胺——喜悦激素、生命向导。这也正好强化了这个观点：喜悦情绪的其中一个功能就是勾画我们的道路。

我们每个人的多巴胺感受器数量不同，因此大脑里神经冲动传送媒介也不一样多。每个人的脑报偿回路的敏感度也是变化着的。结果呢？对于某个人来说，能引起兴奋的东西可能在另一个人看来令人厌烦，甚至难以接受。美国神经科学家亚克 · 潘克塞浦(Jaak Panksepp)观察到某些老鼠比其他老鼠更喜欢被挠痒痒。这种个体之间的差异性取决于各自的多巴胺含量。实际上，在多巴胺面前，不是人人平等。行为神经科学家约翰 · 萨拉莫(John Salamone)提供给老鼠两种选择：一小堆食物，可直接取食；一大堆食物，但是放在一个小栅栏后面。多巴胺含量最低的那些老鼠几乎总是选择容易获得的那一堆，而其他老鼠则会跳上栅栏以获取最大的那堆。

范德堡大学的一个研究小组[1]借助于正电子发射断层扫描（PET扫描）观察那些准备靠辛勤工作来获得奖赏的人，他们的纹状体和前额叶皮层，也就是大脑中的动力和奖赏区含有更多的多巴胺。对于最胆小最懒惰的老鼠

1 Michael Treadway, David Zald和他们的团队, *Journal of Neuroscience*, May 2.

来说，它们的多巴胺会出现在前脑岛，大脑的这个纹区与情绪和危险感知有关。

对于人类来说，有些人坐过山车会感觉兴奋和愉悦，而另一些人只会觉得害怕和恶心，这些都不需要再进行复杂的研究来确认。

如何提高多巴胺含量呢？我想介绍以下四个因素：音乐、运动、自制力、吃饭。

某些声音能撩动我们的心。韵律舞、和弦，节奏同步。当音符响起，愉悦填满了我们的大脑，传遍了全身。令人感动的音乐会刺激多巴胺的产生。[1]当我们听一首熟悉的旋律时，自己会预先加上我们尤其喜欢的某些片段。有一项研究表明，古典音乐能激发某些基因的活力，它们与突触神经冲动传送和多巴胺分泌相关，但是这项研究的负责人伊尔玛·耶尔韦莱[2] (Irma Järvelä) 博士指出，这

1 麦吉尔大学研究者的研究成果，发表于2011年的期刊 *Nature Neuroscience* 上。

2 Journal *PeerJ* (Kanduri et al., 2015), cité par http://www.spring.org.uk/2015/03/classical-musics-surprising-effect-on-genes-vital-to-memory-and-learning.php.

种作用只会在那些经验丰富的音乐爱好者身上体现出来。音乐也能促进5-羟(基)色胺的分泌，并且减少氢化可的松，能完美地缓解压力！

所有令人运动起来的事情，尤其是跑、掷、跳、滑、耍杂技，当然还有做爱，都能提升多巴胺水平。

脑前额叶的活动能刺激多巴胺的产生。我们每次行使自己的自由意志或发挥个人创造力的时候，每次试图达成目标或朝着一个目的进军的时候，每次表现出自控力以实现自己的价值或遵循自己的价值观的时候，我们都会感到喜悦。

多巴胺是由酪氨酸合成的。杏仁、海藻、牛油果、香蕉、可可（黑巧克力）、麦芽、南瓜子、鱼、奶制品[1]、芝麻、肉、家禽肉尤其是鸭肉都蕴含着这种氨基酸。没有酪氨酸就没有喜悦！

---

1 此处是指真正的奶制品！全脂奶的脂肪有益于大脑，发酵乳中去掉了乳糖能促进消化。

内啡肽

内啡肽是下丘脑和脑垂体在锻炼、兴奋、痛苦或性高潮时产生的化合物。大脑、脊髓和消化系统里都有它的存在。它可以止痛、令人放松、缓解压力、减轻焦虑、抗抑郁，而且效果能持续四个小时。在一场马拉松跑步中或当我们人生路上有障碍时，它能帮助我们跨越痛苦并达到目的。

要释放内啡肽，只需要跑步、吃巧克力、喝红酒、做爱或者躺在按摩毯[1]上“受苦”……是的，是的，这样可以消除痛苦。当然了，一切得适度！

1 此处并不是指钉子毯，而是按摩毯，也称作花毯，在商店或网上都有售卖。按摩毯可以促进内啡肽的释放，从而有效地缓解神经痛，例如坐骨神经痛，而且对各种类型的疾病也有很好的疗效。

催产素

这是建立联系的激素。它有助于分娩、乳汁排出并能促进母爱行为。它是温情激素，但又不限于此。就像多巴胺一样，但催产素的角色又比它看起来要复杂得多。我们与他人的关系中都有它的参与。性高潮时，人的大脑都会分泌催产素，还有亲吻，甚至含情脉脉地互相凝视，或互相说一些甜言蜜语，也会促进催产素的分泌，它促使伙伴之间建立起依恋关系。催产素能减少焦虑和恐惧，通过建立起安全感和信任感从而拉近人与人之间的距离。它似乎也能帮助记忆喜悦、欢乐的面孔和幸福的事情。在一个群体中，它是带来归属的感激素。当体育比赛中的一队人获胜时，它也起了作用！2010年，研究者对篮球运动员的行为进行了研究。

他们得出一个结论：运动员之间肢体接触越多，发挥得就越好。大量的催产素能提高成绩。体育运动可以增加催产素的分泌。格蕾琴·雷诺兹（Gretchen Reynolds）在《纽约时报》（*The New York Times*）上写道：任何合作、信赖或竞争的社会环境都要求能力和社会信息。[1]一个运动员需要能够辨认出并明白对手的身体语言，就像了解自己队员的身体语言一样。催产素并不单纯只是爱的激素，它可以帮助人们读懂他人的情绪，但同样也会促使人们增加对陌生人的怀疑和抵触。当我们为他人的失败高兴时，也会分泌催产素。

即使我们有时候会朝孩子发火、吼叫——因为他们学习不刻苦——但只要我们头脑一冷静下来，就明白当他们感觉到处于家长或老师的威胁之下，当他们身边的成年人冷漠、有距离感、带着评判态度并且很苛刻而非热情地鼓励他们时，他们就很难将注意力集中在学习上。缺乏催产素，我们就不会有那么出色的表现！奶牛实验恰恰证明了这一点。实验人员对奶牛在焦虑状态下的产

---

1 Reynolds, Gretchen, « The "Love Hormone" as Sports Enhancer », *The New York Times*, Phys Ed, november 21, 2012.

奶情况进行了研究。根据照顾这些奶牛的人与奶牛关系亲密或采取回避或厌恶的态度，奶牛分泌的催产素是不一样的。在后面的情况下，牛奶的数量和质量（蛋白质和脂肪含量）减少了15%到将近20%。[1]对于那些最忧心的奶牛来说，它们乳房里残存的奶量高达70%。[2]当我们恐惧时，我们会克制自己。为什么？答案在催产素身上。任何紧张的情形都会抑制催产素的分泌。相反，温柔的触摸或深情的注视会刺激催乳素的分泌，从而缓解压力。催乳素跟乳汁排出有着直接的关系，但是不管是在学校层面还是职场方面，催乳素都有助于生产力发展，而压力会产生阻碍。

怎样才能拥有满满的催产素呢？只需要20秒钟的温存，两位主角的大脑里就会充满这种美好的激素。接触、爱、温情、甜言蜜语和关切的眼神，还有分享和合作、体育活动、集体运动……

---

1 Breuer et al., 2000 ; Hemsworth et al., 2000.

2 Rushen et al. (1999a).

睾丸素

睾丸素，作为天然雄性激素，被广泛地认为是性激素和强壮激素。成年男性的睾丸素水平是女性的10倍。它关系到精子的产生和性欲，同时具有维持骨密度及强度、增加肌肉数量和红细胞数目等作用。它促使人们为下一刻的行动做好准备。它带来大胆、勇气、欲望、竞争力，预测需要付出的努力，并调动能量来冒险。追求或者保持在社会里的统治地位也与它有关。此外，我们认为它和暴力也有关系，它促使人们对对手做出一些挑衅行为。实际上，最近的研究表明，如果它的确减少了人的同情心，那么它也同时鼓励了合作、诚信和分享行为。[1]

---

1 Eisenegger, Christoph, « Testostérone, l' hormone des justiciers », *Cerveau&Psychon*° 72, janvier 2016.

在比赛、战斗或发挥自己的才能前，睾丸素水平会提高。在我们赢了之后的一两个小时里，睾丸素水平还会持续增加。只有一种情况例外：我们的成功是偶然的，这种情况下睾丸素水平保持不变。博弈游戏好像能刺激伏隔核，但不能刺激睾丸素的分泌。间接的获胜者或支持者，他们的睾丸素水平也会提高！1994年足球世界杯决赛前后，人们对巴西队和意大利队的支持者的唾液进行了分析，分析结果证实了上述的观点。巴西队的支持者因为球队的胜利刺激了睾丸素的分泌，而意大利队的支持者的睾丸素水平随着失望而下降。

雌激素

有了雌激素，就可以过一种高潮迭起的生活！它能维持5-羟（基）色胺的产生，并且保持情绪的稳定。它能刺激性欲和短时的欲望。有了雌激素，生活变得刺激又欢乐。

在每28天一次的生理周期中，烦躁不安和压力让女人的情绪飘忽不定……月经来之前雌激素水平下降会导致人或多或少地大发脾气，当然程度因年龄和身体里其他激素的数量而异。

青少年时期的女孩会经历雌激素分泌的高峰期，但此时大脑还不会调节。热情洋溢与摔门而出交替进行。不要去严厉惩罚她或徒劳无功地试图给她提出一些神圣不可侵犯的规矩，而是要观察她身上正在起作用的激素和正在发育的大脑，并且给她提供所需的帮助来调节变化不定的情绪，而她自己也会惊讶于这种情绪的起伏并且很无助。如果你没有处理好，她就会为这种坏脾气找一个好理由：错都在你！

肾上腺激素

这是有关压力和行为的激素。它可以加速心率，为身体提供活动所必需的能量。当出现危险的时候，它可以救命。它还可以让生活变得更刺激。肾上腺激素多的人总喜欢蹦极、跳伞，或是过山车。许多赛跑运动员、球员和士兵都追求肾上腺素的大量分泌，这样可以让他们强烈地感到自己活着。一些年轻的轻罪犯人肾上腺素过多，只有在暴力中才能让他们感觉到自己还活着。

褪黑激素

这是调整昼夜节律（调节睡眠和清醒周期）的激素。好的睡眠是生机勃勃、快乐生活的保证。

当光照时间有限时，例如冬季，褪黑激素的分泌就会少很多。此时很多人早上起床很费劲，并且感觉很消沉。我们不妨每天早上晒半个小时左右的日光灯[1]。

所有人都知道，当我们睡眠不好时，精力很难集中，做事效率也不高，而且感觉到喜悦的时刻也变得很少。安眠药是卖得最好的药品之一——我们当中的很多人都遇到过睡眠问题。如果说在最佳睡眠时间这个问题上大家确实没达成共识，那么科学家们倒是一致认为每晚平均需要八小时[2]的睡眠来清理大脑。是的，清理大脑，这

---

1 网上、园艺用品或绿色产品商店，甚至超市都有卖。

2 八小时是平均数。有一些觉少的人好像不需要这么长时间的睡眠，还有一些觉多的人，需要比八小时更长时间的睡眠。

是睡眠的一个功能。醒着时，大脑需要处理信息、分析数据。晚上，它也会消耗同样多的能量。它将存储的信息联系起来，重新组织流通路线，建立新的连接（做梦），将信息导入永久性记忆中。现在，借助于成像技术的发展，研究者观察到了一项以前并未发现的大脑活动，并为之赞叹。[1]在我们的身体里，是淋巴系统负责排出细胞活动所产生的废物。但是大脑里面并没有淋巴。所以科学家不明白大脑是如何清除它内在的废物的。在屏幕上，研究者发现了一个令人惊讶的过程。当我们睡着了，神经胶质细胞会互相挤压，将体积缩减到原先的60%，这样就在沿着血管的地方留出了空间供脑脊髓液流动。脑脊髓液负载着废物，将它们运向血液循环。这个系统被称为“脑部类淋巴系统”(glymphatique)，因为神经胶质细胞的功能很像淋巴的清洁功能。白天，这个系统运行很慢，但是它在晚上的时候会比白天要活跃十倍。

生活是不是很美好啊？

1　文章发表在《科学》（*Science*）杂志上，作者是罗切斯特大学医学中心转化神经医学中心主任Maiken Nedergaard, M.D., D.M.Sc.和他的团队。

5-羟（基）色胺

5-羟（基）色胺的含量决定了我们的情绪，而情绪也会反过来影响它的水平。5-羟（基）色胺越多，我们就越从容、合群、乐观和快乐。如果缺乏5-羟（基）色胺，我们就会变得阴郁、封闭、消沉、悲观，而且会为一点儿小事就大发雷霆。当我们服丧时，或者跟喜欢的人分别时，5-羟（基）色胺的水平就会降低。这种降低会伴随着忧伤情绪产生。

并不是所有的人都是平等的。大家都知道，某些人出生在战火连天的国家，某些人出生在法国，还有一些人出生在瑞典……有一些父母温柔又深情，还有一些不这样。毫无疑问，社会环境和家庭环境从我们小时候开始，就影响了我们感受到喜悦的程度。然而，父母也通过遗传基因[1]影响着我们。位于我们17号染色体上的基

1 基因是遗传信息的基本单位，位于染色体上。

因，负责调节5-羟（基）色胺的运输[1]，是我们喜悦能力的来源。染色体上的这两个等位基因[2]，一个遗传自父亲，一个遗传自母亲，它们各自的长度不同，决定了我们获得喜悦的能力有大有小。这两个基因有三种组合形式：两个短的；两个长的；一短一长的。世界人口当中，有30%的人拥有两个长基因，50%一短一长，20%两个短基因。短的等位基因是统治型基因，这意味着地球上只有30%拥有两个长基因的幸运者容易拥有一个好脾气。但要注意，有一个短的5-羟（基）色胺基因并不代表一定会抑郁！

基因型（被记入基因）并不等同于表现型（表达出来）。表现型是许多基因与环境相互作用的结果。与我们的基因相比，人类在其他方面拥有比较大的自由。我们不能改变眼睛的颜色，除非戴上美瞳，但是幸运的是，我们可以避免患上乳腺癌，即使我们携带这些基因；也可以避免

---

1 5HTTLPR. 5HT是5-羟（基）色胺的名字，在5HTT 里增加的那个T是指运输。5HTT是运输5-羟（基）色胺的蛋白质的名字。5HTTLPR代表着serotonin-transporter-linked polymorphic region，指5-羟（基）色胺转运体基因启动子区多态性。

2 等位基因（allèle）这个术语来源于希腊语allelos, 意思为一个，另一个，代表着同源染色体的相同位置上，控制相对性状的一对基因。

患上糖尿病，即使遗传到了易发糖尿病的两个等位基因。因此，我们不必惊慌。如果我们想要一个短的等位基因，也就是很少的5-羟（基）色胺转运体，那么就不要任由我们的基因做主！它们的表现受环境的影响，所以是否要过一种刺激的生活完全取决于我们自己！这就是表观遗传学。如果说遗传学从某种程度上来说是文章，表观遗传学就是阅读和解读的方式。我们身体中所有细胞的细胞核里显然拥有同样的DNA。然而，这些细胞差别却那么大。为了知道要表达哪些基因，它们会怎么做呢？这是一个表观遗传学方面的问题。DNA周围都是一些对环境敏感的分子，这些分子互相匹配并且允许某些基因表达，不让另一些基因表达。因此，我们的DNA并不是唯一的决定因素。环境、我们的亲身经历和情绪都会影响基因的表达。环境对我们有积极的影响，也有消极的影响。研究者每天虐待幼鼠30分钟，幼鼠在成年后便陷入了抑郁中。科学家就此明确地揭示了基因调控的作用：童年经历的创伤会导致成年后对压力极度敏感。[1]

1 这是由糖皮质激素受体DNA甲基化造成的。甲基化：甲基和DNA结合过程（CH3-G）。

百忧解和阿斯巴甜

百忧解能给抑郁症患者带来被他们遗忘了的喜悦、平静的感觉。它属于选择性5-羟（基）色胺再摄取抑制剂。氟西汀是百忧解的学名，它通过抑制神经突触细胞对5-羟（基）色胺的摄取来提高5-羟（基）色胺的水平。服用者可以以此找回积极情绪，但是持续时间不长。这种药品给人以帮助，某些人离不了它，但是服用它不能超过几个星期。然而它给人带来的感觉那么舒适，以至于许多人会继续服用很多年。道理很简单，如果停止服用，病人一想到没有这个小药片焦虑就又出现。事与愿违的结果便积聚起来，然后身体产生的反应，很可能会产生偏执倾向。越来越多的科学家揭露了它所带来的不容忽视的副作用，尤其在长期服用的情况下。罗贝尔·布吉尼翁[1] (Robert Bourguignon) 医生对此进行了调查研究。他以一种更常见的方式描述了在某些极端情况下的暴力发作、自残、自杀：偏执狂、被迫害妄想、恐慌和挑衅行为……唉，某些医生竟然毫不犹豫地将它开为减肥、戒烟，甚至解决小孩尿床的药方！一位匿名的法国专家明确说道："单纯机械性地使用氟西汀，最明显的后果就是引起括约肌的收缩。"

还有一种物质似乎也会引起烦躁、抑郁和偏执倾向，想要减肥的人总会吃它，它就是阿斯巴甜。阿斯巴甜是一个假朋友！我们以为它是朋友，因为它"无糖"，但是实际上从长远看来它并不能帮助变苗条。它似乎聚集在大脑里，并且能破坏大脑的思维能力。阿斯巴甜包含天冬氨酸和甲醇，后者遇热后会分别变成甲醛和甲酸。一段时间以来，人们对阿斯巴甜用于阿尔茨海默病持怀疑态度。它能毒害神经，尤其对于身体虚弱的人而言效果更为严重，这些已经得到了证实。用阿斯巴甜替代安慰剂的实验甚至被提前叫停，因为第一批患有抑郁症的参

1 比利时医生，医学信息事务所Securimed的负责人。研究结果发表在科学杂志《柳叶刀》（*The Lancet*）上。

加者表现出了更加严重的症状。[1]阿门(Amen)医生提到的一个研究曾显示，阿斯巴甜能改变大脑的神经递质，尤其会减少大脑许多区域的5–羟（基）色胺。其他研究[2]也有指出，阿斯巴甜能引起头疼、脾气变坏、恐慌发作、抑郁和焦虑[3]……说到底，如果多年服用百忧解和阿斯巴甜，你的大脑就会被“黑客入侵”了。不用再探究了，你的情绪和思维失控都来源于此，或者更确切地说，是周围人给你指出来的失控，因为在你看来，很可能觉得自己完全正常，只是稍有不安。在你眼中，你的想法“有人恨我”“某人或某人想毁掉我”并不是一种妄想，而是事实！

如何维持5-羟（基）色胺的水平？增加社交、找到依恋对象、进行体育锻炼、积极思考并且合理饮食，因为95%的5-羟（基）色胺是由肠道分泌的。

---

1 http://www.ncbi.nlm.nih.gov/pubmed/8373935.

2 http://www.medicinenet.com/artificial_sweeteners/page8.htm.

3 http://www.ncbi.nlm.nih.gov/pubmed/24700203.

肠道

我们的幸福在肚子里！不用吃抗抑郁药和其他的5-羟（基）色胺再摄取抑制剂，我们是否对肠道里5-羟（基）色胺产生感兴趣呢？神经科医生、胃肠病专家娜塔莎·坎贝尔–麦克布莱德博士[1] (Natasha Campbell-McBride) 证实，某些孩子从来没体会过生活的乐趣。很简单，如果没有神经冲动传送媒介来传送喜悦，我们就感觉不到！一个孩子如果朋友很少，又试图拼命地交朋友，就可能是因为肠道菌群紊乱，而患上了肠道与心理综合征(GAPS)或者肠道精神综合征

1 她的法语版官方网站https ://www.nutrition- holistique.ch/natacha.html#. VkiLyYSJWE0，法语字幕的视频https ://www.youtube.com/watch?v=77pwUmvSSbA介绍了怎么通过吃来获得生活的乐趣。

(syndrome entéropyschologique)。

此外，她强调指出，当我们每天都感觉不到足够的喜悦时，就会被外面小小的喜悦所吸引。许多青少年会从毒品中寻找一些生活的乐趣。大麻或酒精会带给他们所需要的“嗨”的感觉。出于生理和心理的双重需要，在学校经常遭排斥或由于差异而被孤立的孩子，准备好了做任何事情以获得别人的接受，尤其是在青少年时期，成双结对很重要，他们开始吸烟以融入某个群体，大麻成了社会黏合剂。不幸的是，这样会造成一个有毒的体质，阻碍神经递质的自然产生，从而引起恶性循环，导致需要再吃一些高价的物质来增加神经递质。

在娜塔莎·坎贝尔－麦克布莱德看来，我们来到这个世界是为了获得幸福。为此，我们需要大量的神经递质。当我们没有足够的神经递质来体会生活的喜悦时，达成目标、自我完善、自我实现在日常生活中就没那么容易实现。咖啡因、烟草和糖都可以促进神经递质的分泌，但只持续几分钟，最多一个小时，之后我们需要重新装满燃料。一个马卡龙或一个巧克力棒、一片面包或一个汉堡、一杯苏打或一杯啤酒会刺激伏隔核的报偿回路。有了多巴胺、5-羟（基）色胺，我们（终于）感觉到生机勃勃了！

要每日都能感觉到足够的喜悦，我们就需要有健康的肠道，也就是说在肠内菌群中，有一些好的腐生菌。要维持这个菌群，就需要用天然、鲜活的食品来滋养它，这些食品主要以新鲜蔬菜、油料作物和水果为基础。预制食品里的化学产品会破坏肠道。蔗糖和乳糖会滋生病原菌群。

中午和晚上，贝尔纳总是从冰柜里拿出一盒酸奶或冰激凌来结束午饭和晚饭。当他妻子提醒他吃了太多的精制糖和工业奶粉时，他用最后的结果“这是我的快乐所在”来反驳，并且补充说：“没有了冰激凌，生活就没有了乐趣。”生活的意义如果建立在一个冰激凌之上，就很难获得自尊，除此之外，这种成瘾清楚地阐释了内心空虚这个可怕的深渊。然而贝尔纳似乎并不消沉，他很积极，在事业上也取得了很大的成功。他有两个孩子，家庭幸福并且结婚15年之久还是很爱自己的妻子。唯一的问题是，他会咬手指甲并且会感觉到内心焦躁不安，只有做爱或者吃冰激凌能让他平静下来。冰激凌显然比他妻子更方便，尤其是当孩子们在旁边的时候，因此冰激凌成了帮助他调节内在压力的工具。有一天，根据朋友的建议，他尝试了一下益生菌。一周之后，他将打开的一瓶酸奶放回了冰箱里。从此之后，他再也没碰过巧克力和酸奶。此时，他明白了并不是他想要冰激凌，而是肠内的细菌需要！内心焦躁不安离开了他，同时空虚也消失了。他找回了自己。细菌曾经操控了他的情绪。娜塔莎·坎贝尔－麦克布莱德曾说过：“我们通过肠道输送两三公斤的细菌，这些细菌在我们细胞和全部遗传物质里占90%。我们所称呼的‘我’只是10%的身体，而我们的身体只是生活在我们身上的那些细菌的一个贝壳、一件衣服。”微生物世界组织严密，某些物种必须占主导地位，而我们将其称为腐生菌，它们保证了我们机体的良好运转。我们必须拥有足够的腐生菌来让病原菌付出昂贵的代价。吃益生菌时，它很可能还没到结肠就被消化掉了。因此最好选择益生元，它是益生菌的先驱。益生元不能被消化，它能完好无损地到达激烈战斗的地方，促使益生菌大量繁殖，因此可以夺回被病原菌所占领的位置。

哈佛大学进行了一项研究，[1]他们对45位女士吃了益生元或者安慰剂三个星期之后的焦虑进行了比较。与对照组相比，食用益生元的女士倾向于不怎么关注负面消息，而负面消息是抑郁的标记。她们体内的氢化可的松也就是压力荷尔蒙的水平更低。在一项对比研究中，这种积极影响和服用抗抑郁药或抗焦虑药所获得的效果类似！

可惜，一代又一代人，因为食品质量的下降和污染问题，体内的菌群还是趋向于退化。从我们在子宫里开始，在许多因素的综合作用下，菌群就遭到了破坏。我们以为胎儿的结肠是无菌的，但是研究者在收集了20个新生儿的前几次大便后最终确认大便里面已经有了细菌。他们根据优势菌的种类确立了两类：乳酸杆菌或大肠杆菌。最初的研究表明，吸烟或者文化程度不高的母亲产下的婴儿会携带更多的大肠杆菌。母亲拥有高学历或食用绿色食品，婴儿的菌群就会含有更多的乳酸杆菌。

工业化加工食品、烟草，还有避孕药扮演了一个有

1 Schmidt et al., 2014 – http://www.ncbi.nlm.nih.gov/pubmed/25449699.

毒的角色。药物还给了女性自由，但是它改变了随着孩子出生时遗传给孩子的菌群。基础菌群大部分是由出现在产道和阴道的菌群构成的。在剖腹产手术的情况下，很重要的一点就是将妈妈阴道里的菌群涂抹在婴儿的皮肤上，甚至用手指或小勺蘸一些喂给婴儿吃。当然，这有点儿奇怪。但是设想一下，如果不这样，剖腹产的婴儿要建立自己的菌群，就得以护理人员的手和手术室里飘散的细菌为基础！

当婴儿吃母乳时，他同时也吃下了好的细菌。直到今天没有任何代乳粉能带来和母亲的细菌一样的等同物，甚至差得还很远。喝奶粉的孩子的肠内菌群往往很脆弱。

抗生素具有很强的针对性，它拯救过无数的生命，包括救了我两次。但是过量使用会给肠内菌群带来灾难性的后果。抗生素很少攻击病原酵母如梭菌目等，但是却会把益生菌消灭掉！当然了，人类会重新组建免疫系统，但在这个时间内，病原菌已经占据了一定的位置，因此越来越难以被清除。

现如今，许多孩子患了学习困难症、注意力缺乏症、多动症、强迫症或自闭症。罗宾·保克(Robin Pauc)可能是最早提出使用一些营养方案以解决这些学习障碍的神经学研究者之一。在英国廷斯利家诊所，他治疗了几千个小病人。美国的阿门医生也建议根据症状实施合适的饮食制度，他诊所的格言就是："改变你的大脑，就是改变你的生活。"根据大脑特定的需求，我们可以通过正确的饮食来改变它。神经学家娜塔莎·坎贝尔－麦克布莱德认为，患了自闭症的孩子出生时大脑是正常的。之后，他们所吃的食品里、呼吸的空气里、喝的水里所蕴含的毒素慢慢地破坏了他们正确挑选和处理信息的能力。在她看来，这些症状的发作是超负荷的标记，也象征着为解放大脑所做的努力。她解释说，大脑启动了全面放电，目的是自我清除不受欢迎的毒素。这种表现形式有点像癫痫发作。我们看到越来越多的孩子，不只是自闭症患者，都有情绪激烈，非常可怕的时候。当然了，菌群失衡不是唯一的原因，一切都是多种因素综合作用的结果。

普热米斯尔·贝尔西克[1] (PremyslBercik) 博士通过老鼠证明了焦虑和抑郁来自于以下两个因素的相互作用——童年时代的压力和细菌。单单是童年时的压力不足以促使老鼠满怀焦虑地行动，它们肠内的细菌也不足以让它们焦虑。如果将紧张老鼠身上的细菌转移到不紧张、没有病原体的老鼠身上，也不会观察到任何的异常。其他研究者也指出，焦虑和抑郁与异常菌群有关[2]。

重点是什么呢？当大脑里有喜悦的神经递质时就会产生喜悦。神经递质的质量、数量和功效很多方面取决于我们的饮食方式。健康的肠内菌群是生活快乐所必需的。

---

1 Psyblog, « How Depression Is Linked to Intestinal Bacteria » : http://www.spring.org.uk/2015/07/how-depression-is-linked-to-intestinal-bacteria.php?omhide=true&utm_source=PsyBlog&utm_campaign=f110b223ee

2 Consuming a prebiotic bacteria can have an anti- anxiety effect. De Palma et al., 2015.研究成果发表在《自然通讯》（*Nature Communications*）杂志上。

当愉悦损害了喜悦

洛朗经常喝咖啡。达芙内经常吸烟，她一天吸一盒。尽管常能看到标语“吸烟有害健康”，她却早已经习惯忽视它了，并且觉得自己能活下来就是在和命运对抗了。她爬楼梯很费劲，但是喜欢第一口烟带来的小小的舒畅感。她觉得吸烟让自己头脑更清楚了。不吸烟时，她总觉得迷迷糊糊。马林抱怨一直觉得累。罗贝尔不愿走路，因为膝盖疼。伊索尔为一点儿小事就会哭。安托万总为一点琐事就大发雷霆。朱斯蒂娜穿不进去牛仔裤，圆胖的身材令她懊恼。所有的这些症状之间的联系是什么？荷尔蒙失调、甲状腺功能减退、垂体－肾上腺轴和垂体－甲状腺轴功能异常。

疲惫、痛苦、心烦意乱、肥胖，为了“挺住”，求助于咖啡或香烟……我们筋疲力尽了，当因为关节疼痛而动弹不得或者因为背疼而直不起腰时，我们如何才能开心地跳起来呢？身体组织发炎和缺乏锻炼为各种身体问题制造了温床。尽管越是贫瘠的身体土壤越是各种疾病的沃土，但在此我并不谈论疾病，而想谈谈身体的亚健康状态，这种现象非常普遍，通常是由工业化食品引起的，尤其是被忽略的有损健康的食品。某些对人类来说最危险的“毒品”还在自由买卖。零售商并不担忧。他们开了临街旺铺，甚至还在电视上打广告。这些新型的“毒品”抢占了火车站、飞机场、地铁站，甚至学校。城市里，商店橱窗和其他的售卖机随处可见这些东西。我称它们为精制糖、现代小麦和工业奶粉。它们影响了我们的情绪、大脑，并且能够破坏我们感受喜悦的能力。

我小的时候，面包店里有一个很小的糖果柜台。现在，情况变成了在糖果店里设一个小小的面包柜台。这并不是夸张的说法。甜食和其他小零食售卖机大量增加，甚至发展到了地铁站台上。超市里卖饼干、含糖谷类食品和糖果的柜台比比皆是。只要看看那些货架、读读那些标签，我们就禁不住流口水，忍不住去买。巧克力店、马卡龙店和彩色糖果店呈爆炸式增长。人如何抗拒得了马卡龙呢！你会想着“既然有卖的，就肯定不会有害”，况且周围的人也温情地看着你表示赞同，甚至还带点嫉妒的意思，你动摇了。焦糖—甘草或薄荷—杧果口味的马卡龙在嘴里融化，味蕾探测到大量的甜，身体此时准备好迎接这美味了。精制糖快速地进入血液中，大幅地提高了血糖水平。快！身体立即调动了胰岛素小组来恢复秩序。在小组热情洋溢的工作下，糖含量迅速下降。此时，我们感觉到血糖有点低了，便急速地奔向另一块小马卡龙。某种胰岛素抵抗就这样一点点地建立起来了。

大家对糖的反应是不一样的。但是对糖敏感的成年人或孩子的情绪波动会非常大，他们要么情绪波动巨大、精神紧张、压力巨大，并且具有挑衅性，要么就疲惫不堪、慵懒、无精打采、郁闷。糖带给我们愉悦感，这是毋庸置疑的，但是它夺走了我们的喜悦，因为它降低了我们集中注意力的能力，并且将我们带至情绪的过山车上。越来越多的运动员减少了对碳水化合物（糖类）的摄入量而吃一些优质油脂，以此来提高自己的成绩。

芭芭拉 · 里德(Barbara Reed)法官建议让罪犯遵守某种饮食制度来代替监禁。接受这个提议的人能看到罪犯的生活发生了很大的变化，再次犯罪的概率惊人地降低，因为这些罪犯被剥夺了毒品后，不再像以前一样频繁感觉到有暴力的冲动。在监狱、少年犯拘留所和学校里进行的实验都显示，当饮食里去掉蔗糖时，暴力和不文明行为平均会减少50%。在我的书《美味厨房》(*Bien dans sa cuisine*)[1]里，我详细地描述了这个研究，在此不再赘述。

“这是小小的生活乐趣。”“不能把一切都剥夺了去。”是的，糖作为偶尔的一个小乐趣而被保留下来是不错的主意。然而，正因为它的无害和“这样很好”，它的随处

1 Consuming a prebiotic bacteria can have an anti-anxiety effect. De Palma et al., 2015.

可见和它的吸引力才变得更加危险。其实它只对食品加工业企业家的钱包来说是很好的。

谷蛋白也要为情绪问题负责任。谷蛋白里的类吗啡肽能透过肠壁进入血液内，直到大脑，附着在大脑里的类吗啡受体上，并立即制造出一种愉悦感，但却阻碍了机体里天然内啡肽的分泌。戴维 · 珀尔马特[1] (David Perlmutter) 医生强调指出，出现在面包或面条里的现代小麦，是真正的神经毒剂，这对所有人而言都是如此，而非单纯针对无法消化谷蛋白的人或对谷蛋白过敏者。不含谷蛋白的食品专柜大量涌现，但需要引起注意的是，这些食品中仍含有许多糖分。

---

1 Perlmutter, David, *Ces glucides qui menacent votre cerveau*, Marabout.

有利于喜悦的饮食

我们疲惫、消沉、精力不足时，就很想给自己找点小乐趣。即使我们知道这样对自己不好，但身体还是会不由自主地转向甜食、薯片、面包或面条。碳水化合物会刺激我们补偿回路中5–羟（基）色胺的释放和多巴胺的大量分泌，但是需要注意胰岛素作用下所产生的血糖反弹，这还没算上过度食用糖对我们的身体和大脑造成的其他损伤。为了保证适量，尤其为了保证这些所有的好激素形成一个很好的平衡，我们最好与亲人多多拥抱，并进行体育锻炼，在饮食方面，选择含有以下成分的食物：

色氨酸：鸡蛋、羊奶白干酪和乳清干酪类型的乳制品、火鸡肉、鸭肉、谷物和豆类、茄子、李子、无花果、糙米、全麦面包、香蕉、椰枣、核桃、腰果、椰果、花生、巧克力。

酪氨酸：杏仁、牛油果、香蕉、奶制品……

B族维生素（B6、B9、B12）：小牛肝、海鲜、豆类、全谷物、菠菜、水田芥、野苣、西兰花、麦芽和啤酒酵母。

镁：全谷物、豆类、核桃、榛子、杏仁、富含镁的水。

富含欧米伽3的脂肪酸：鲑鱼、沙丁鱼、鲭鱼、鲱鱼、金枪鱼、核桃、核桃油、菜籽油、亚麻籽和亚麻籽油、鱼肝油。

您怎么样？

最初，这句话完整的表达是："您上厕所很顺利吧？"大家这样关注着身体状况，因为上厕所的情况能充分说明健康状况。为什么在一本关于喜悦的书里谈论粪便呢？在这方面有过痛苦体会的人知道原因！当排便有困难时，我们很难获得喜悦。在西方国家，慢性便秘患者占成年人总人口的3% ~ 5%。如果再算上偶尔便秘的情况，这个比例会达到10% ~ 30%。每年法国会卖出5000多万盒的通便剂。这确实是个大问题。排便那么困难是因为什么呢？很简单，除了不太健康的饮食外，违背生理机制的姿势也要负主要责任。自古以来，人类都是蹲下排便。之后出现了马桶，桶身上面是马桶圈，再上面是水箱可以冲水。很干净，但不是很有效。我们蹲下时，直肠壶腹（粪便在此聚集、暂存）和肛管（排出粪便的部位）会形成一条直线。会阴放松，腹部自发产生的压力使得内脏紧贴在后腹壁上而不会下垂。粪便就轻松地排泄出来了。这是自然而然的，不需要费力！对于只知道白色陶瓷马桶的西方人来说，要踩着一个小凳子来抬高膝盖从而促进排便，这种感觉很奇怪。当我们坐在马桶圈上时，倾向于屁股滑向前方，整个人懒洋洋的，这时直肠壶腹和肛管会形成最大角度，会阴也呈关闭状态。要想成功排便，必须挤压横膈膜使其下降并且鼓起肚子，长期以来会对会阴肌和腹肌造成严重影响。脚底下的小凳子迅速地解决了所谓便秘的大量问题。顺利排便多么令人开心啊！

这个信息对要学习讲卫生的小孩子来说很适用。注意他们的膝盖需要一直高出屁股，这样的话他们会更愿意跟大人一样排便，因为这个姿势能让他们更容易地拉出粑粑来，就像他们之前在尿布上解决一样。

如果厕所里没有凳子，那就在脚底下放几本书使得膝盖高出屁股。我们也可以蹲在马桶圈上，但这就跟耍杂技一样难哦。

喜悦教育

教育我们的孩子获得喜悦？有比这更重要的任务吗？但是应该怎么做呢？

呃……在这方面，难道他们不正是我们的老师吗？孩子天生就是快乐的！教育他们获得喜悦的第一课就是不要夺走他们的喜悦！会心的眼神、你追我赶或者玩球都能让他们兴高采烈。一点小事都能让他们哈哈大笑。之后他们要去上学。从幼儿园开始，他们就必须“严肃起来”，并且要做好迎接艰难生活的准备。一些孩子不愿意长大。成为大人意味着要变得忧伤，那为什么要变成大人呢？我们这些成年人那么严肃！我们很容易忘记生命很短暂，没有什么比欢笑和爱自己更要紧的事情了。

跑、跳、动……

在假期中，两个表兄弟又见面了，他俩一个9岁一个10岁。当他们的目光交织在一起，尽管什么话也没说，但脸上都闪耀着喜悦的光芒。其中一个小伙伴说："看看谁能第一个跑到栅栏那里！"然后他们笑着开始跑。孩子们开心地又跳又跑，父母总抱怨说："管不了他们了。"管，为什么需要管住他们呢？这种反应很正常。我们已经看到了：喜悦激活了他们的整个身体，调动了他们的肌肉，令他们兴奋不已。此时让孩子坐在椅子上一动不动是完全违背他们天性的。当然了，他们在房间里玩耍，总是不那么好管理。但是问题不在于他们太兴奋，而在于房间才是有违天性的存在。孩子之所以那么喜欢在沙发上、床垫上跳，是因为他们的身体确实有这方面的需要。如果我们疼惜沙发，为什么不在客厅里放一个小蹦床呢？这也有利于妈妈的身材、爸爸的心脏和所有人的情感健康。

小孩似乎有无穷无尽的精力。我们邀请了一位奥运会冠军来模仿一个两岁孩子一天的活动。两个小时之后他就放弃了——简直累惨了！

我们普遍认为体育锻炼只是简单的释放压力的途径。“我把他带到公园里任其发泄！”然而，跑并不是发泄，而是在塑造他的大脑[1]！给孩子自由，他们就会拼命地运动，爬树、到处跑！他们好像特别喜欢转圈儿跑（这样他们不至于离依恋对象太远），而且不知疲倦！建筑师手塚贵晴[2] (Takaharu Tezuka) 设计的幼儿园，距离东京大概1小时车程。4岁的孩子在里面每小时平均要跑4公里，有些孩子甚至能跑10公里！这个非常新颖的学校所提供的经验似乎能说明自由自在活动的孩子不会打架，或者说比那些受禁锢的孩子要少打许多架。受限制的孩子总是爱打架

---

1 https://marathonkids.org.

2 https://www.ted.com/talks/takaharu_tezuka_the_best_kindergarten_you_ve_ever_seen?language=fr.

而且会经常发怒，而这种发怒只是压力的发作而已，有点像被囚禁的动物一样。

认识到跑、跳、动并不是徒劳无益的活动这一点很重要。它们有助于记忆、学习、调节情绪、集中注意力……而且会带来喜悦！

独自一人！

一个小婴儿刚刚会翻身或能独立抓住玩具时，他脸上绽放出的喜悦是非常神奇的。要知道，能掌控自己的肌肉、动作、姿势、举止，这些都是巨大的成功。婴儿需要调动自己力所能及的所有身体方面的能力，并强化这些能力。如今，婴儿是工业社会的牺牲品，他们被提供了各种各样的舒适物品。座椅和其他固定装置让带婴儿出行变得更便利，我们不可能弃之不用，但是下了车，就不要使用它们了。婴儿需要锻炼四肢和后背，掌握平衡，练习视—动协调，所有这些塑造了大脑的神经元网络。当看到婴儿翻身有困难时我们来帮他，让他背靠枕头或者将他放在一个座位里让他挺直脊梁时，我们就剥夺了他基本能力的锻炼，阻碍了他的个人发展。当一个趴着的小婴儿，经过多次努力终于能翻过身来时，他必然会高兴不已。当一个一岁的婴儿能成功地往前迈步而不再摔倒时，他肯定是兴高采烈的。孩子会慢慢地学会掌控自己的动作，提高精细运动能力、发展肌肉和平衡能力……每次成功地做成以前不会做的事情时，他就会满是骄傲，神采奕奕！

当他上不去滑梯的梯子时，我们把他抱上去……即使他能很好地使用勺子，我们仍然把肉和蔬菜夹进他的盘子里。我们帮他剥鸡蛋、剥香蕉、切苹果。总之，我们随时为他服务……这有点过了！

小鸡会很开心地躲在妈妈的羽翼之下，因为那儿温暖又舒服。我们可以任凭它们这样，但妈妈要保持警惕。喜悦存在于冒险之中，在独立和自由里。只有通过努力学会了翻身，最后能“独立”坐起来，自己系鞋带、自己登上滑梯……才能体会到喜悦。父母往往迷恋目标和结果，但对于孩子来说，过程和行动才是最核心的事情。父母关注的是脚上是不是穿着鞋，孩子关注的却是穿鞋的动作。父母看重的是坐着这个结果，而孩子却看重坐下这个动作。

授之以渔而不是鱼！

小孩子出生时就有依赖性。他不能独自存活下来，需要父母的保护。孩子在出生后的头几个月里跟依恋对象之间的依恋质量是他内心安全感建立的基础。

当婴儿被抱在怀里、受到关注时，当父母回应他的需要时，他感觉到安全。相反，如果父母没过来，没有回应，不怎么碰他，那么可靠的依恋关系就建立不起来，孩子内心也会缺乏安全感。安全感的其中一个方面就是依恋、联系、联结。一旦依恋关系稳定下来，孩子就开始探索周围的环境。他渐渐变得越来越有能力可以独自应付一些事情。此时他已经不需要我们的保护了，如果我们还继续保护，他就不能平衡发展，对自己的个人能力也不抱信心。

纳迪娜讲道："我女儿从童子军野营地归来时心花怒放！在家里，小小的一个蜘蛛都能让她尖叫起来。在那儿，她睡在帐篷里，和小伙伴一起拿显微镜观察草丛里的蚂蚁……我惊讶得不行。"在家里，纳迪娜处处保护女儿，她会迅速地拿走视线里的蜘蛛……

整体看来，我们，尤其是母亲们，为孩子做得很多，甚至替他们做得太多，因此让他们失去了发展自己能力的机会。"人饿了时，你可以给他一条鱼，但更重要的是要教他钓鱼。"如果说给婴儿鱼吃是很自然的事情（这只是一个形象化的比喻），那么当他有能力的时候教他钓鱼，对他来说，比舒服地接受现成的鱼要更加快乐。一个3岁的孩子都会用力大声地呼喊着自立，他想"独立"完成！但是父母倾向于替孩子承担这个责任，掌控一切并过度保护孩子，这种现象很常见。

我儿子19岁了，他在温哥华学习。整个夏天他都待在学校里，但在开学时必须搬出学校。距离搬家的最后期限还有两周时，他和我说还没找到房子。在Skype上，我跟他说：

“如果我离你近的话，很乐意帮你找房子。”

“可怜的孩子！”他以讽刺的口吻回答我，随后他提醒我说他自己已经独立了，从17岁开始就已经独自一人找各种房子了。他让我回到了现实。他向我吐露这些只是告诉我这件事，让我知道他的生活，让我感觉离他很近。他只是需要倾听，不需要帮忙。19岁的他已经能够明确表达自己的想法了。简单概括一下，婴儿会通过哭来表达，幼儿会发脾气，6岁的小孩会哭闹，青少年会吼叫着摔门而出。这一切有时像定时炸弹一样，令我们无从找出突然爆炸的原因。当你问他们时，他们也不怎么知道如何用语言表达自己的经历。他们有着如此情绪化的反应是因为内心感觉不舒服，但也不能明确地指出问题到底是什么。

确实如此，对于一个妈妈来说，孩子是她的小鸡，很可能永远都是，这是自然而然的。如果孩子生病了，或是处于危险当中，妈妈都会冲在前面。甚至当小鸡三四岁了时，她很可能还会继续沉醉于将孩子置于自己的羽翼下，时刻准备好实施保护，甚至都不假思索。妈妈应该是航空母舰，是安全基地，孩子可以回到这儿重新装上燃料以便于更好地再出发、去探索，并且飞向远方。

照顾孩子，关心他们，确实是一件愉快的事情。让孩子去探索并且发展自己的能力，也是我们做父母的职责。航空母舰随时待命，但是不要冲在飞机前面，除非飞机遭受了严重的损坏。我们能提供给孩子的是亲密，只要在那儿，心连心，活在当下，不要私下盘算“我应该为他做点什么”，不要替他做计划。

危险是安全的保证

孩子在玩耍时遇到一定的危险（在可控范围内）能够促使他们以批判的方式来思考问题，甚至对他们的健康有益。这是一项确凿的研究成果。来自于加拿大大不列颠哥伦比亚大学人口与公共卫生学院的玛丽安娜·布鲁索尼(Mariana Brussoni)讲道："我们发现，如果孩子们在一些游乐场所能够从事冒险活动，那么游戏的时间就会增加，他们也会更积极地进行互动，他们的创造力和适应能力也会得到增强。"

如今，儿童游乐场防护措施做得太好了，过于安全了。这是刊登在《国际环境研究与公共卫生》(*Journal international de recherche environnementaleet de santé publique*)杂志上的一篇文章所给出的结论。作者分析了18项研究[1]，主要集中在供7岁到15岁之间的儿童玩耍且不受监督之游戏的好处与后果方面，得到的结论就是：零危险这个策略是要付出代价的！孩子需要承受某些相应的危险，他们能够发现这些危险，思考如何应战并且做出决定。疯狂地跑、高高地荡秋千、爬树，这些都能促进肾上腺素的分泌。剧烈的身体活动让人感觉到力量满满。克服了障碍时，多巴胺会充满整个大脑：喜悦出现！

孩子冒险爬上公园里的大滑梯后，能感受到自己的能力，感觉到自己的肌肉活动。如果我们允许他通过扶梯登上滑梯的话，他会去适应这个空间，估量自己的力气，遇到障碍，考虑如何才能紧紧抓住扶手。当他成功登顶时，他不仅会感觉到骄傲，而且比以前更强更自信了。他掌握了这个物品，对它从各个方面进行了探索和了解，从此他就更有能力来评估风险了。如果妈妈牵着他往上走，甚至下来时也牵着，妈妈就给孩子传递了一

---

1 http://www.mdpi.com/1660-4601/12/6/6423?trendmd- shared=0.
What is the Relationship between Risky Outdoor Play and Health in Children ?A Systematic Review Mariana- Brussoni et al.

个信息，那就是他独自一人没有能力完成这件事。如果孩子没有权利独自通过扶梯登上滑梯的话，他就无法探索这个物品的所有特点，他会有种不那么确信的感觉，因此也就感觉到没那么安全。可惜，为了试图保证孩子的安全，父母此时不仅很可能会告诉他这样不安全，还会阻止他发展克服困难的才能。安全感，存在于每个人的内心深处，是被一点点塑造出来的。

“从那儿下来，你会摔着！”是的，有时候孩子会摔断一只胳膊或一条腿。这是急诊里最常遇见的情况。但是研究表明“在高处玩耍与骨折的发生次数和严重程度并没有关系”。如果场所过于安全，孩子就不会注意保护自己，也不会在意周围的环境。他们的警惕性会降低。如果场所有点儿危险，那么大部分孩子都会变得小心谨慎，因此他们会冒一些险，但是都在可控范围内，而且他们对此有所察觉。

复活节的时候，我们对母亲保证那天只在一些平缓的小坡道上滑雪，而不像以前一样滑难度更大的红道或黑道——她总怕在同样的时刻悲剧重演……实际上，两年前也是复活节的时候，我两个哥哥一个摔断了腿，一个摔断了胳膊。我们笑话完妈妈的迷信后，坐着缆车到了一个难度极低的滑雪道的顶端。在这个普通的斜坡上，我们降低了警惕性，这次，是我躺在救生员的雪橇上下的坡——我在扭伤的同时滑液渗出、韧带断裂……就算场地很平整，我们也不是绝对安全！困难反而会调动大家的警惕性并带来更多的喜悦。

交流并且构建回忆

如果纠缠在日常琐事里，我们的家庭对话常常会很乏味，父母经常是带有命令式地要求孩子做这做那，而且问题永远都是：“你没忘了带运动背包吧？”“你刷牙了吗？”“周六有什么计划？”我们经常会提出问题来，但是几乎没耐心来倾听回答。要获得喜悦，我们需要交流并且分享情绪。

对于“今天你在学校都干什么了”这个问题孩子经常会简短地回答我们：“什么也没干。”如果换成另外一种提问方式：“今天你最喜欢干的事情是什么？”这个问题则会获得更多的关注。我们可以不时地尝试提问一些更具开放性的问题：“如果你可以许三个愿望，你会要什么呢？如果你不去上学，你会去干什么呢？如果你能选择生活在任何地方，你会选哪儿呢？啊？说一下是什么吸引了你做这种选择？”等等。我们有时候不提问题，因为我们其实害怕得到答案！但是实际上发挥想象会有利于更好地活在当下。在想象中，我们会了解孩子真实的想法。彼此之间的联结会产生喜悦。

睡觉前或者大家一起吃晚饭时，可以互相讲一下“今天我喜欢的一件事和不喜欢的一件事”。分享痛苦跟分享快乐同样重要。喜悦并不只存在于愉悦中，大家真诚地交流情绪能创造出一种亲密关系，进而感受到喜悦。亲密分享的方式多种多样，晚上家人可以一起游戏、散步，并且将其变成家庭“仪式”。

仪式标志着重要时刻、联结时刻，也就是喜悦时刻。想象一下我们并不是单纯地在品尝寿司或晚上一起玩游戏，而是在构建孩子将来的回忆。当他们成年了，需要唤醒自己身上的喜悦时，这些时刻都是最宝贵的资源！想要我们的过去成为财富，我们现在就需要多加留意。我们当下可能无法估量持续玩上好几天的“强手棋”，或是在饭店里玩“七个家庭”这种纸牌游戏有何意义。但是欢笑越多，记忆就越深刻。

游戏是孩子的工作。“爸爸，别这样了，这是严肃的事情。”埃玛这样提醒爸爸，因为她爸爸写过一本很棒的书《谁想和我一起玩》(*Qui veutjouer avec moi*)，而此时爸爸对待游戏却非常不认真。通过游戏，孩子可以发展他们的感官，提高身体、情绪和智力等各方面的能力。他们自我锻炼、学习、发现、理解。他们经历困难，并找到解决办法来应对日常生活中的挑战。他们克服、摆脱某些情绪的重压。总之，游戏是一项能获得全方位锻炼的活动。

教育孩子获得喜悦，就是尽可能地参与到他们的游戏中，借助于这种方式进入他们的世界，和他们一起笑，表明与他们在一起令我们很快乐。一起度过的时光会深深地镌刻在孩子和父母的记忆中，在大家心里牢固地建立起安全感和喜悦感。在游戏中，我们可以互相碰触、胳肢、打闹，整个身心都会充满喜悦！况且，这也是一个让孩子赢的机会，这样他就会感到自己很强大！感觉到强大时，我们就可以骄傲地说出“我”并体会到赢的喜悦。通过这种方式，孩子的个人能力能够得到加强，建立自信，提高快乐生活的能力。让孩子小小地赢了父母能让他充满力量，之后他就能坦然承受在同龄人面前丢脸这个事情。懂得失去关乎情绪调节，而情绪调节的能力正是在亲子间的亲密情感关系中培养起来的。

日程表

分享喜悦的瞬间，一个雪人、一个拥抱、一个游戏、清洗餐具时玩弄泡沫的惬意时光……都停留在我们的记忆里，并铸就了孩子大脑里的神经元通路，这些比洗不完的衣服和无数的紧急邮件更有利于塑造他们的未来。打电话叫水管工或按时为客户完成一份材料很重要，但并不是最重要的。喜悦，就是不时地放下“效率”，更关注孩子而不是盘子。2岁或5岁过去了就再也回不来了。我们可以跟孩子一起分担家务，因为许多人一起做总是会更愉快。孩子拿着毛巾玩而使你需要花费20分钟而非5分钟把毛巾重新叠好，这件事好像“浪费”了时间，但其实我们经历了一个神奇的时刻，这才是真实的生活！不要让自己继续游离于真实、生活、亲密关系之外。

“你生命中最重要的东西是什么？”索尼娅毫不犹豫地回答：“孩子和丈夫！”我们看一眼她的日程表。上面只有工作会面，孩子的名字只与见牙医、柔道课或学校组织的外出放在一起。她的手机永远开机，当手机铃响起或发出震动时，她会急忙接听。甚至在开车带女儿卡拉去上钢琴课时，她也会在等红灯时查看邮件。当她和女儿玩或者当她做饭时，每次听到信息或者邮件通知，她都会瞥一眼手机屏幕，并会经常拿出一些时间来回复。像我们说的那样，索尼娅清楚地认识到女儿肯定感觉不到自己在母亲心目中是最重要的。她亲爱的小女儿卡拉也会理解成：“在我生命中有比我更重要的事情。”大部分的邮件只是显得很紧急，实际上并非如此。电子工具的便利令我们上瘾，我们会很容易陷入这种如此简单快捷的与外界连通的方式中。为什么不在我们的日程表里安排上与我们所爱之人相处的特定时间？周二，17点：与马丁玩一小时的游戏。为什么不在手机里偶尔设置一下备忘录，提醒自己要给蒂娜一个拥抱或和她一起开心地笑？

一边玩着小马游戏一边回复邮件，这没什么问题，还会令我们感觉到有成就感，因为我们在做妈妈的同时也是一位成功的职业女性，这令人满足。与成年人交谈能激发我们的兴趣，但是也会让我们继续处于紧张状态中，使我们远离孩子。当我们关掉电话时，我们才真正地在场。不要再玩网上的“小马游戏”，从游戏托盘中取出骰子跟孩子一起玩。游戏本身并不重要，重点是亲子关系的建立。

几年之前，有一次大雪纷飞导致了连续三天停电，房子周围全是雪，车子也发动不起来，没有网络，我们只好孤零零地待着，无法工作。好极了！我们在雪地里溜达、堆雪人、围着炉子烤火、吃烛光晚餐。来电之后，我们倒都有些失望。然而，我们还是开了灯、打开了电脑。我们不懂得继续也无法继续这种大家在一起欢笑、一起亲近大自然的快乐时光了。孩子们都长大了也离开了家，但是如果一切可以重来，我会建议大家在各自的日程表上标记出远离电脑和电视，让大家聚在一起的时间。我们有时候需要好好安排，不要让日常的工作侵占了我们的私人时间和空间。

当下过去就不会重来。让我们一起看夕阳西下、漫天繁星、雨后彩虹，品味微笑、滑稽动作而引起的哈哈大笑，甚至是没做成功的蛋糕之中所饱含的甜蜜……分享生活之美吧！

接受孩子表达喜悦的方式

“安静点！不要那么吵！”

“不要夸张，你还没摘下月亮呢。”

“历史考了18分？为什么不是19分呢？”

成年人有时候很难接受喜悦。这是一种情绪爆炸，还产生噪音，却让孩子兴奋不已！因为这是自由的情绪，所以有时候它会打扰到父母，让他们感觉到失去了控制。

有时候，我们会说：“你是最棒的！”“很好。”“你做得很好！”观察一下这种言语对孩子的影响。在这种评价之下，他对我们微笑，安静下来，变得有些拘谨。这是一些积极的话语，但总归是一些评价。这些话增强了他的自豪感，令他开心……但也扑灭了他的喜悦。

于格从学校回来时说：“我英语考试得了18分。”

作为父母，我们充满善意并希望传达出积极正面的态度，我们会表现出兴奋和喜悦："好样的！太好啦！"

"哎，很差好不好……若纳斯得了19分呢！"

或者像是看破了一切一样：

"总分40分呢！我连一半的分都不够。烦死啦！"

注意，我们要带着喜悦之心，先让孩子说完。

• 重复一下这句话里重点的词："18分？"语气要平淡。

• 询问："你有什么感觉？"

• 描述："我看见你用功准备考试了。"听一下孩子怎么接话。

当孩子体会到喜悦时，如果我们允许他感受自己身体发生的变化，那么喜悦就还会增加。孩子和大人一样，通过高声地庆祝成功、胜利、自我超越，会变得更好。一定程度的欢呼，甚至带点诽谤味道的“卢卡一无是处”，会增加催产素的分泌，并且增强自信心，[1]而且多巴胺能加快髓鞘化的发展。

喜悦是一种情绪，孩子需要一定的空间来释放它。“当阿里埃尔传球给你时，你跳起来接球了。”这种描述性的语言能让他关注到自己，感觉到与我们紧密相连，我们真正地关心他，他会受到鼓舞并快速成长起来。

---

1 Dr. Pepping, *op.cit.*

奖励即是惩罚

有天下午，我儿子从幼儿园回来，带着满脸的疑惑：“妈妈，老师跟我们说只要好好打扫教室，就会奖励我们一颗糖。但是打扫就是为了打扫不是为了糖，对吗？”在他看来，在糖和打扫之间没有逻辑关系。除了给幼儿园的小朋友糖，甚至可能是彩糖这件事情值得商榷外，奖励会引起各种各样的问题，这位老师显然没考虑到。她很可能认为打扫卫生是一件令人讨厌又枯燥乏味的工作，所以她找到了这种可以让教室干净整洁的窍门。但这样会引起龋齿，血液里的糖分含量会升高，肠里的菌群也会失衡。现在，幸运的是，大部分的老师已经不用糖果了，但是还保留着奖励这一招，只是改成了贴纸。贴纸对身体的伤害小，但是对心灵和头脑的损害还是很大。为什么？因为这样会让人丧失动力！许诺奖励定然会促使我们去做某件事，但这样会深刻地改变我们的行事方式。大量研究都充分地证明了这一点。那些在12天里玩数学游戏得到奖励的孩子，对那些能赢得奖励的游戏玩得更快更多。但是当奖励取消了时，他们对这些游戏的兴趣会大大降低，甚至比不上那些从来没获得奖励的孩子。研究者由此得出结论，就是经常使用奖励措施来激励大家参与到某些特定活动中时，一旦奖励取消了，大家参与的积极性就会急剧下降。提供了外部动力，活动的价值就大打折扣了，我们也失去了内在动力。一次奖励就足以夺走活动能带给大家的喜悦，尤其是当奖励和活动没什么必然联系时，后果更严重。

路易丝·布莱韦尔·米勒[1] (Louise Brighwell Miller) 让一些男孩给一系列的卡通面孔配对。她认为如果付给他们钱并且给他们不同价值的物质奖励，他们会干得更好。好吧，孩子们在获得酬劳后比免费干这活儿时犯的错误

---

1 进行这个实验时（1961年），路易丝正是肯塔基大学的研究生。

更多，而报酬一分也不能少。成年人也是如此。有一项计划建议对系安全带的司机给予奖励，系一次奖一次，但是实践证明这个计划比不实施奖励的效果要差得多。研究者也没料到结果会是这样，因为我们整个社会都推崇奖励理念。

所有的研究都表明对于那些试验对象来说，比起给他们金钱或其他奖励，不给他们这些时反而能更出色地完成工作。更糟糕的是，如果给他们奖励，他们甚至会在以前自己喜欢的领域都不能成功！实验者也大为震惊。[1]我们难以理解学校里随处可见的奖励告示栏为什么会获得巨大的成功！从短期看来有效果，但从长期看来，这只是一个小甜点。然而，这很容易实施，让老师产生一种操控的感觉。学生很乖？奖他一张贴纸！他乱说话？收走一张贴纸。好啦，奖励最终成了惩罚……比起思考让这个年龄的孩子安静地坐在椅子上那么久是否合理，或者考虑我们是否可以换一种教育方式，使用给

1 Kohn, Alfie, *Punished by Reward*, New York : Basic Books, 1990.

予或收走一张贴纸的方法要容易得多。偶尔采取奖励措施没问题，容易引起问题的地方在于承诺奖励。当一个团队或一个孩子工作尤其出色时，父母或老师可以奖励他，但最好不要在第一次的时候就给予奖励，以防学生将工作和奖励联系在一起。比赛中赢得奖杯跟完成一项任务获得奖励是不同的，这两者是没有任何关系的。运动员并不需要奖杯的激励，他们热爱这项运动并且在跟其他人的竞争中实现自我超越。奖杯是他们成功的象征。同样地，授予荣誉给夏令营中房间整理得最好的小组能调动竞争意识，有利于每个人展现出自己在组织和整理方面的才能。

奖励会收获顺从，但对于行为举止的养成来说没有效果。总体说来，奖励（数额必须一直提高）所带来的积极影响不会持续，它会破坏人们做事情的兴趣。然而我们知道兴趣是获得喜悦的条件！只要我们的能力得到了发挥，喜悦自然而然地就会产生。当我们专心于活动本身或活动能帮我们实现心心念念的目标时，我们会非常快乐。孩子，和其他人一样，在“好好干”中会收获喜悦。

我们躺在已有的荣誉上了吗？

失败的运动员都会筋疲力尽、垂头丧气、脚步沉重。他们低着眉，抱着头。而赢得比赛胜利的运动员还有力气绕着体育场跑，跳起来。喜悦能产生能量。我们从来没见过有人躺在已有的荣誉上。一旦人们取得了成绩，就更有能量，想做得更多。很奇怪，学校竟然还没有认识到这一点，而且还有那么多父母认为严格打分的老师才是好老师，注意这个严格的意思是要打低分。而一位老师如果打分很高，甚至过高，就被认为是差老师。然而经验证明，给学生高分可以帮助他建立起自信，他会更努力地去学习，并且会越来越成功。我们的社会竟会那样反理性和经验而动，真是不可理解。低分唯一的作用就是显示老师的权力。可能这也正是令家长欣赏的地方：他有权力！因此他是好老师！人们在评分方面进行了无数的研究，最终证明老师不同，评分差距也会很大，甚至在一些科学课程上也不例外。可以这么理解，分数与老师的心情、家庭状况、劳累程度，以及之前修改的作业等都有关系。学生的性别或者名字对分数是否也有影响，我们不得而知。不过名字很常见的学生会很幸运地平均多得一分，与老师的名字发音相近的那些同学也会沾光！老师给出的分数好像更体现了他的情感状态、社会地位以及与学生有意无意的接近，而不是对学生表现的客观评价。另外，老师也不会真的认为分数对学生改进学习有用，否则他们也就会接受别人给自己打分了。给老师打分这个想法简直就是一种亵渎行为！如果说有什么让老师恐惧的事情，那就是给予学生权力了吧……不过这也恰好证明了分数只是一种权力工具，在任何情况下都不是为了评价和进步而存在着的。

如果将喜悦看成是构成记忆和发展教育必不可少的部分，那么每个人都很可能变得更好。快乐地学习和自我超越同样也可以出现在学校里。教育学家已经制造了大量的评价工具，它们不会剥夺学生的喜悦，例如知识树。当孩子在班级的知识树上加上自己刚刚获得的一项证书的时候，他脸上会明显地绽放出骄傲！这种评价体系更为具体[1]，最为重要的是，它可以培养孩子的自尊心。

---

1 数学得了15分并不能准确地说明孩子对知识的掌握程度。而当孩子因为掌握了分式而获得一项证书的时候，就说明他明白并且掌握了这个知识点。

学习的喜悦

喜悦是一种学习情绪……但我们接受了一种观点，那就是学习并不是一件舒服的事情，背诵很难，做数学练习或法语练习特别痛苦。“作业”被称为在家里的工作。大部分父母认为孩子不喜欢学校是再正常不过的事情了。他们自己也不喜欢。“工作很辛苦，但是必须得干。”这就是流传最广的信条。但是工作和学习真的令人痛苦吗？还是因为工作条件和学习条件艰苦才导致了这种痛苦？

在家里，情况也如此。孩子从小就希望参与一切！他想穿衣服、叠餐巾、扫地、倒垃圾、做蛋糕时将蛋清蛋黄分开，然而许多父母都会拒绝孩子，还振振有词：“你会把东西打碎，要不就会把东西弄得到处都是。”可不久之后，我们又强迫孩子去做这些家务活儿。原本这是一件愉快的事情，现在变成了令人厌烦的工作，因此孩子极力逃避这些家务。只要我们谈到家务“活儿”，有谁愿意干活儿呢？学习和工作，只要是自己自由选择的，就会成为喜悦的重要来源，因为可以激发我们探索的冲动，促使我们去创造、生产、影响环境。

我们的大脑是一台学习机器，好奇是人的本性。孩子会提出无数的问题，直到他们去上学，被迫学习。我们以为他们很懒，事实并非如此。他们也是人，和所有人一样，他们不喜欢被强迫。不去上学而且按照自己的节奏自由学习的孩子，可以将精力集中在一个问题上几个小时甚至几天的时间。克拉拉·贝拉尔(Clara Bellar)拍摄的纪录片《存在与变成》(*être et devenir*)将我们带入我们中的大部分人都不了解的领域。影片里，孩子们发出喜悦的光芒，他们满怀热情地学习。他们不去学校上学。已经能确定的一件事就是：因为他们可以自由地按照自己的节奏来，所以他们睡得更好！学校，尤其是初中和高中，开门太早，不符合孩子和青少年的自然节律。不上学的孩子能专心于快乐地探索埃及金字塔的秘密或者连续几个小时专心致志地研究积分，从睡觉到起床都在琢磨……自主学习让他们比那些不能长时间集中精力在一件事上的孩子能更经常地体验到心流，因为在大部分的初中和高中，学生们上1个小时的数学课，再上1小时英语课，然后上1小时历史课……这是规律，但是没有效果也不具备激励作用。想象一下，老板每50分钟打断你一下让你换材料，却从来没考虑过你手头的工作进行到哪儿了。研究人员表示，将时间切割开来是造成厌烦和动力缺乏的一个因素，然而习惯的力量实在太强大了！

要找回学习的喜悦，首先需要找回自由。我们都有过这种经历，孩提时代自己讨厌哪本书，现在读来却满怀喜悦，并不是因为那时我们“太小看不懂”，而是因为我们是被迫去读的，而且还得回答关于上述作品的问题来得到某种评价。一般来说，大学里没有上述被迫读书的问题……至少最后的学年，也就是选了专业之后，每个人都能选择自己想学的课程。在荷兰马斯特里赫特大学，教育学家认识到年轻人可以自由选择学习科目时，他们会更投入而且也会学得更好。他们的大学学院会提供三百多个主题供学生选择，学生们通过“自选”

来完成学业，每学期选择两个主题。问题导向式教学法[1] (*Problem Based Learning*) 也十分新颖有效。学生们上课时不是听老师讲，而是组成小组，老师给他们提出问题并且指导他们一步步解决问题。这些学生学到的内容和其他传统大学里的一样多，并且还深受全世界企业、机关和政府的欢迎，因为他们懂得自主工作、团体协作，能掌控一项计划并灵活地解决复杂的问题，而不会只是试图生硬地应用既定的规则。

在勒芒的安妮－弗朗克实验初中 (collège alternatifAnne-Frank du Mans)，我在这儿随着玛丽－达妮埃尔·皮埃尔莱 (Marie-Daninèle Pierrelée) 的团队进行研究，在学校创办的一年内，学生可以自由选择课程。每个学生在每周一开始时就在老师给出的课程列表中选择自己想上的课。我们没敢让学生自由选择数学课和法语课。一个学期快结束时，事实表明学生在这两门课上没有取得进步，而且学习氛围焦躁不安。一旦可以自由选择数学和法语了，学生会主动选择这两门课，而且会更用功地学。

1 2014年和2015年是问题导向式教学法大发展的时期。

认为孩子在困难面前会退缩而且孩子很懒惰，这种思想是错误的。在困难面前，成年人不会退缩，孩子也不会。困难之事会被看成是需要应对的挑战，而人类喜欢挑战，却讨厌强迫。给一组年轻人设置一个小测验，给他们一个星期时间让他们完全自由地做这个测验，他们会满含热情地投入进去，除非你打算通过这个测验来评价他们……一旦成年人对孩子有所期待，孩子的目标就变成了外部强加给他的，因此也就不能起到激励作用了。

要让孩子重拾学习的喜悦：

• 还给他们自由。是的，去不去学校是一种选择，不是必须。在法国，只有教育是必需的。让孩子注册上学是我们的选择。如果你的家庭选择让孩子入学，那么要还给孩子自由，比如可以给他几张百搭牌。例如一个初二的学生一年之内就可以拥有两张百搭牌。两天不上课并不会对学业造成损害，而且这样他就不需要只有肚子疼的时候才有权利不上学了。这两天当然可以拆分成四个半天。因此早上当小少年抱怨时，你就可以给他提出建议："你今天想使用你的百搭牌吗？"一般说来，立即见效，他已经在门口准备好去上学了。这两天和在学校里的两天没有什么不同，只是还给他自由并让他可以掌控自己的生活。投资微乎其微，但是收益却相当可观。

• 避免对他们的工作进行任何评价，并且要用描述性的话语来代替评判，即使是积极的评判。这方面需要我们尤其注意，况且这是最触动孩子的地方！想着用仰望着欣赏的目光来看他们，而不是居高临下地审视他们并挑他们的缺点。评价，是老师的工作，不归父母管。好分数令人愉悦，但是喜悦来自探索、尝试和犯错，源于寻找、发现和掌控感。在学校里，可以用知识树或另一种评价方法来测验学生。那为什么不在家里使用能力树呢？孩子会用洗碗机洗碗、会晾晒衣服、会用洗衣机、会做巧克力蛋糕、会做咖喱鸡、会收拾桌子……父母可以给孩子颁发相应的证书，让孩子感觉到自己的能力越来越强。

• 时不时地留给他们足够的时间，让他们可以专心致志于一件事情。他喜欢高卢历史？那么为什么不让他将这个爱好研究透彻而非要让他对法语虚拟式感兴趣呢？研究可能会持续三天、两周或三个月。之后，一旦这个主题被研究明白了，另一个主题自然就会出现，同样会激励他前进。当然了，某一天，他也会对数学积分或法语虚拟式感兴趣的。学习，是在意识方面、自制力方面和控制周围的环境方面都得到成长。知道一只蜜蜂有六条腿，蘑菇是从菌丝体上长出来的，文字发源于美索不达米亚，不会改变我们的日常生活，但是却可以扩大我们的意识范围，让我们成长。我们的意识范围越开阔，就越会感觉到踏实。我们的意识越是得到提高，就越能察觉到在浩荡的生命长河中自己的无限小。学习会产生喜悦，而喜悦能帮助我们去记忆。

注意所有人的能量库！

我们承认，我们倾向于将很多时间用在改正孩子、伴侣或者合作伙伴的错误上，而并不怎么花费精力去观察并记下他们的优点和他们带给我们的欢乐。日常生活中的困难确实需要多加注意，但是没有燃料，我们就很难克服这些困难。然而喜悦和爱是我们最主要的燃料。正是这两种情绪装满了我们的能量库。

教育大家获得喜悦，就是多笑，多分享，最大程度上保证大家可以自由地运动、学习、尝试、游戏，允许犯错、自由选择、自由决定，承担责任，并且实现自我。务必要发展情感安全（横向相似）和个人能力（纵向动态）这两个方面。牢记平面图和轴：联结、自由意志和关注当下。

与孩子一起体验喜悦大概是在要“做”的所有事情中最具意义的。

练习

我生命中最重要的事情是什么？

在日程表上有所体现吗？

我把欢笑、娱乐和喜悦的时间留给我爱的人。

我把每个时刻都看成是唯一的，并对此赞叹不已。

我要和孩子一起分享这份赞叹。

结论

几乎所有人都梦想着世界变得更美好，没有战争，梦想着大家在这个星球上都能快乐地生活，所有人都能互相帮助。那是一个和平、团结和友爱的世界。在建设欧洲的过程中，为了支撑这个理想，欧洲委员会极力寻找一曲具有感召力的赞歌，这首歌需要凝聚所有的灵魂，让大家团结一心，并能激发起人类最美好的情感，它就是《欢乐颂》[1]。这是世界上最著名的乐曲之一。它受人欢迎可能是因为它体现了人类的共同理想，而我们所有人都愿意聚集在这个理想周围，那就是喜悦。

---

1 在《第九交响曲》第四乐章的终曲部分，贝多芬将德国作家弗雷德里克·冯·席勒（Frederich von Schiller）的诗作放入乐曲中。指挥家赫伯特·冯·卡拉扬（Herbert von Karajan）所指挥的版本成为欧洲之歌的官方版本。这个版本不包含文字，只想让音乐这种世界语言来表达思想。

爱与成长

喜悦给我们指明了生命的方向，当我们的存在具有意义（横向相似），并走在正确的道路上时（纵向动态），我们就能感受到喜悦。当我们重视一个方面时，可能就会忽略另一方面，但时间不会太长。平衡是最重要的，更确切地说是动态失衡，这有点儿像我们的两条腿。两条腿缺一不可，但是走路时，必须先抬起一条腿，让身体处于失衡状态才能继续前进。我们可以双脚并立往前跳动，但一步一步地走更稳当。因此，这两个方面同样重要，只是我们可以轮流发展它们。

亚当・卡亨[1] (Adam Kahane) 在他的书《力量与爱》(*Power*

1 Kahane, Adam, *Power and Love : A Theory and Practice of Social Change.*

and Love)里阐释的好多观点与我的想法不谋而合。这位研究社会变化的专家阐述了人类不但需要相互联结，还更需要成长！他的想法深受思想家保罗·蒂利希(Paul Tillich)的影响。蒂利希将力量定义为“每个人对自我实现的渴望，其程度一直不断增强而且范围在不断延伸”。从这个意义上来说，力量是实现自己的目标、完成自己的工作、促使自己成长的推动力。此外，他将爱定义为“使分离者重新结合的动力”，因此从这个意义上来说，爱是将看起来分散的东西重新连接起来构成一个整体的渴望。

换句话说，喜悦的这两个方面就是：喜欢或渴望结合；发挥自己的力量或渴望自我实现。喜悦汇集了以下情感：人与人之间的共鸣，彼此同步而又有不同，个人的脱颖而出，前进与创造……喜悦是一种情绪，它告诉我们自己正处在应有的位置上。我们在人类社会中找到了自己合适的位置，走在正确的人生道路上。拥有同理心、帮助他人、投身于某项事业，这些特性印记在所有人的DNA上。

“在社会上，没有人看到你，你感觉自己无用，和别人不一样？不如加入我们，我们爱你并且欢迎你。你最终会成为有用的人。”这是许多恐怖分子招募者对新人所说的话，倒是很符合人类共同的渴望。我们所有的人，即使像蜂鸟一样渺小，都需要活得“有意义”，做出贡献，承担自己的责任，贡献自己的一分力量。丹麦人总被认为是世界上最幸福的人，其中的一个秘密就在于他们总是积极地参与到各种社会活动中。在全国560万人口当中，有200万人是某一组织或协会的志愿者。如果在法国也有同样比例的志愿者，那就意味着2300万的人口！此外，运动员如果热衷于一些社会活动似乎也能提高个人的成绩，那么我们为什么不多多参与社会活动，让自己在日常生活这项“运动”中表现得更出色呢？

如果每个青少年、每个成年人都能感觉到自己是独一无二的，而且自己有能力让这个世界变得更美好，那么在下一个世纪，当我们回头看看现在的自己时，必将体会到无尽的喜悦和感激之情。

练习

我正在工作。现在我把手头的工作放一放来感受微风拂面，我呼吸，听到蟋蟀叫和斑鸠鸣。我呼吸着松树的香气，欣赏这些树、草地、花满枝丫的月桂树……什么都不想，也不作评价。我感到自己身体发生了变化，压力尽消。我感受自己的呼吸。我想念正在睡觉的女儿，正在工作的丈夫，想念我爱的那些人。

我伸展四肢，活动脊椎，就这样直起身、抬起头。我吸气、呼气，感受自己的呼吸。我留心身体的感觉，此时心脏在跳动，这里或那里有一种振动，一股压力。

我立即察觉到了自己的姿势和身体的轮廓，这些显示出了我所占据的空间。我在那儿，在自己的位子上，我存在，我感觉到自己活着、存在着。

我做着收缩—放松会阴运动。我发现一条腿卡在桌子下面。于是我松弛下来挪开腿。

我有什么感觉呢？我没有让思维朝着评价或判断形势的方向发展。各种想法喷涌而出。我对自己，对自己的细胞，对宇宙说了声“谢谢”。这样表达出自己的谢意是我大脑语言中枢的自然反应，并不需要分析就脱口而出。

要放下这本书时，我要拿出几分钟的时间

进行自我思考。我倾听自己的呼吸，感到自己在吸气、呼气。我意识到自己的身体是由几十万亿个细胞构成的。我感谢每个细胞辛勤的工作，它们协同配合、高效运作，让我可以行动，可以去爱。我看到了肠道里的细菌，它们也在不辞劳苦地工作。我提高了身体内部显微镜的分辨率，从而进入分子世界，之后是原子、波、粒子……正是这个在全宇宙中，从微观到宏观看来都令人难以置信的人体构造，让我可以去爱，可以去行动。随着探索的深入，我感到内心升起对生命的无限感激之情！

谢谢！

参考书目

AMEN, M.D.,Daniel, G, *The Brain in Love, 12 Lessons to Enhance your Love Life.*

BAKER, Robin, *Sperm Wars, les secrets de nos comportementsamoureux,* Lattès.

BEN-SHAHAR, Tal, *L'Apprentissage du bonheur*, Pocket.

BLUM, Deborah, *Love at Goon Park*: *Harry Harlow and the Science of Affection.*

BOWMAN, Katy, *Move yourDNA*: *Restore our Health through Natural Movement.*

CABOT, Meg, *Le jour où j'ai vouludevenir populaire*, Hachette.

CAMPBELL-MCBRIDE, Natasha, *Le Syndrone entéropsychologique*, éd. Medinform.

CORNEAU, Guy, *Le Meilleur de soi, le rencontrer, le nourrir, l'exprimer*, Robert Laffont, et J'ailu.

COSSERON, Corinne, *Remettre du riredans sa vie*, Robert Laffont.

COUSINS, Norman, *La volonté de guérir*, coll. Points Actuels, Le Seuil.

Comment je me suis soigné par le rire, Payot.

CSIKDAVIS, MD, William, *Wheat Belly: Lose the Weight and Find your Path Back to Health.*

D'ANSEMBOURG, Thomas, *Être heureux, ce n'est pas nécessairementconfortable*, Édition de l'Homme.

DAMASIO, Antonio R., *Spinoza avait raison : joie et tristesse, le cerveau des émotions*, Odile Jacob.

ENDERS, Giulia, *Le charmediscret de l'intestin : tout sur un organe mal aimé*, ActesSud.

De GASQUET, Bernadette, *Abdominaux, arrêtez le massacre*, Marabout.

De GASQUET, Bernadette, *Périnée, arrêtons le massacre !*, Marabout.

GEVER, Tulley, *Beware Dangerism*, Kindle single, TED books.

JIANG, Jia, *Rejection Proof, How I Beat Fear and Became Invincible.*

KAHANE, Adam, *Power and Love: a Theory and Practice of Social Change.*

KATARIA, Madan, *Rire sans raison.*

KOHN, Alfie, *The Myth of the Spoiled Child: Challenging the Conventional Wisdom about Children and Parenting.*

KOTSOU, Ilios, *Éloge de la lucidité*, Robert Laffont.

LAMBIN, Éric, *Une écologie du bonheur*, éd. du Pommier.

LEDOUX, Joseph, *Synaptic Self, How Our Brains Become Who We Are.*

LYUBOMIRSKY,Sonja, *Qu'est-ce qui nous rend vraimentheureux*, éd. Les Arènes.

MAY, Rollo, *Le courage de créer. Reconnaître ses talents, s'engager et se remettre au monde*, éd. Marcel Broquet.

MAY, Rollo, *Love and Will.*

MISCHEL, Walter, *Le Test du marchmallow, Quelssont les ressorts de la volonté*, Lattès.

MOWAT, Andrew, CORRIGAN, John, DOUG, Long, *The Success Zone.*

PAUC, Robin, *Is That My Child? The Brain Food Plan: Help Your Child Reach Their Potential and Overcome Learning Difficulties.*

PERLMUTTER, David, *Brain Maker: the Power of Gut Microbes to Heal and Protect Your Brain for Life.*

PERLMUTTER, David, *Grain Brain: the Surprising Truth About Wheat, Carbs, and Sugar, Your Brain's Silent Killers / Cesglucides qui menacentvotre cerveau*, Marabout.

PERT, Candace, *Molecules of Emotions : The Science Behing Mind-Body Medicine.*

ROJZMAN, Charles, ROTHENBUHLER, Igor, *La Thérapie sociale*, éd. Chronique Sociale.

SERVAN-SCHREIBER, Dr David, *Anticancer, Les Gestesquotidiens pour la santé du corps et de l'esprit*, Robert Laffont.

SMITH, Greg, *Pourquoi j'ai quitté Goldman Sachs*, Lattès.

STITT, Barbarra Read, *Food and Behavior, a Natural Connection.*

TALEB, Nassim Nicholas, *Antifragile: Things that Grain from Disorder.*

TOUGH, Paul, *How Children Succeed.*

TRUNGPA, Chogyam, *Work, Sex, Money: Real Life on the Path of Mindfulness.*

VERDIER, Tom, *Luciedans le ciel*, Albin Michel.

VERNIKOS, Joan, *Sitting Kills, Moving Heals, Linden Publishing,* 2011.

WENK, Gary, *Your Brain on Food: How Chemicals Control your Thoughts and Feelings*.

文章和研究

http://www.psychomedia.qc.ca/psychologie-des-chiens/2015-04-19/regards-humains-ocytocine

电影

Le Revenue de base – Une impulsion culturelle. http://revenue-debase.info/comprendre-le-revenue-de-base/film/

État de violence, commeune vague, Gabriel Gonnet, La Gathode.

Le Bonheurdans les neurones, à la découverte du neurofeedbackdynamique, Michel Meignant.

http://www.le-bonheur-est-dans-les-neurones.com

Vice Versa, Pixar.